ENTORNO ORBITAL

DE LOS VEHÍCULOS ESPACIALES

ENTORNO ORBITAL DE LOS VEHÍCULOS ESPACIALES

Salvatore Mangano
Departamento de Investigación Básica
Centro de Investigaciones Energéticas, Medioambientales y Tecnológicas

Javier Cubas Cano
Instituto Universitario de Microgravedad "Ignacio Da Riva"
Universidad Politécnica de Madrid

Fernando Meseguer Garrido
Instituto Universitario de Microgravedad "Ignacio Da Riva"
Universidad Politécnica de Madrid

ENTORNO ORBITAL DE LOS VEHÍCULOS ESPACIALES

Salvatore Mangano; Javier Cubas; Fernando Meseguer Garrido

ISBN: 978-84-1903-444-1

IBERGARCETA PUBLICACIONES, S.L., Madrid, 2024

Edición: 1ª

Nº de páginas: 244

Formato: 17 × 24 cm.

Thema: TRP. Tecnología aeroespacial y aeronáutica

Entorno orbital de los vehículos espaciales

ISBN: 978-84-1903-444-1

© Salvatore Mangano; Javier Cubas; Fernando Meseguer Garrido

COPYRIGHT © 2024 IBERGARCETA PUBLICACIONES, S.L.

Imagen de la cubierta: cortesía de los autores.

Edición: 1.ª

Impresión: 1.ª

Depósito legal: M-10702-2024

Impresión: Producciones Pulmen S.L.L

OI: 0166/2025

IMPRESO EN ESPAÑA-*PRINTED IN SPAIN*

Nota sobre enlaces a páginas web ajenas: Este libro puede incluir referencias a sitios web gestionados por terceros y ajenos a IBERGARCETA PUBLICACIONES, SL, que se incluyen sólo con finalidad informativa. IBERGARCETA PUBLICACIONES, SL, no asume ningún tipo de responsabilidad por los daños y perjuicios derivados del uso de los datos personales que pueda hacer un tercero encargado del mantenimiento de las páginas web ajenas a IBERGARCETA PUBLICACIONES, SL, y del funcionamiento, accesibilidad y mantenimiento de los sitios web no gestionados por IBERGARCETA PUBLICACIONES, SL, directamente. Las referencias se proporcionan en el estado en que se encuentran en el momento de publicación sin garantías expresas o implícitas, sobre la información que se proporcione en ellas.

Índice general

PRÓLOGO

El diseño de cualquier artefacto desarrollado por los seres humanos está condicionado, entre otros muchos factores, por el entorno donde dicho equipo ha de cumplir con las especificaciones de diseño, y posiblemente, en menor medida, por el entorno donde se construya. Se entiende que un dispositivo que ha de trabajar en un entorno caluroso y polvoriento, como puede ser el ambiente en un desierto, ha de encarar condiciones de trabajo muy diferentes de una máquina que deba funcionar, por ejemplo, cerca de los polos. Así pues, antes de iniciar el diseño mismo, es necesario disponer de la información necesaria sobre el entorno ambiental de la misión, pues sólo de esta forma es posible anticipar los potenciales problemas asociados al entorno específico en consideración y habilitar las soluciones y medios para evitarlos.

El problema de establecer el entorno de funcionamiento de un ingenio determinado puede ser más o menos sencillo cuando la misión ha de desarrollarse dentro de las fronteras de la atmósfera terrestre, o quizás de forma más general, cerca de la superficie terrestre, en las regiones donde la humanidad ha vivido y permanecido durante la mayor parte de su existencia, y aunque no sea preciso viajar muy lejos para encontrar regiones con condiciones ambientales desconocidas hace tan sólo unas pocas décadas, o incluso todavía en fase de descubrimiento en la actualidad (piénsese en la profundidades abisales de los océanos, o en las condiciones del espacio exterior), la realidad es que el conocimiento sobre el mundo que nos rodea, tanto a escala macroscópica como microscópica, a escala local e interplanetaria, ha aumentado de forma explosiva a lo largo del último siglo, haciéndolo también en consecuencia las fuentes de información disponibles sobre cualquier aspecto de la actividad humana.

El conocimiento crece tan rápido que es difícil mantenerse al día con la información disponible, especialmente en áreas como la tecnología espacial, donde los avances son constantes y cualquier texto queda casi inmediatamente desfasado si se pretende ofrecer un panorama detallado del estado del conocimiento en el instante de su escritura. Resulta particularmente interesante comparar los textos de divulgación científica editados a principios del siglo XX y finales de XIX sobre los cuerpos del sistema solar con los que se publican en nuestros días, habiéndose pasado en este corto periodo de tiempo, medido a escala planetaria, de conjeturas más dictadas por la pasión que con la razón, soportadas por imágenes captadas por telescopios ópticos, a información obtenida por sofisticados instrumentos astronómicos, dispuestos tanto en observatorios terrestres como embarcados en naves espaciales, e incluso de información generada in situ, tras llegar algún ingenio humano a posarse sobre la superficie del mismo.

En el caso del medio donde se desarrollan las misiones espaciales la historia es muy reciente, pues hasta mediados del siglo pasado ningún vehículo terrestre había abandonado la atmósfera planetaria, por lo que no existía la necesidad de conocer el modo en que las condiciones extra-atmosféricas afectaban a nuestros vehículos. En unas pocas décadas se ha pasado a disponer de telescopios orbitales que permiten explorar el universo en diferentes longitudes de onda, se han fotografiado y cartografiado un buen número de cuerpos del sistema solar, y se ha conseguido incluso depositar vehículos espaciales en bastantes de ellos. En la actualidad, el ser humano está incluso alterando el medio espacial (como ya había hecho previamente con todos los medios en los que había desarrollado actividad) suponiendo la basura espacial una nueva fuente de peligro creciente y continuamente cambiante al que se enfrentarán las misiones espaciales. El conocimiento sobre el medio espacial y su interacción con los ingenios terrestres es ahora algo más completo, pero el viaje no ha hecho más que empezar.

La idea que subyace tras este libro es la de disponer de material para la docencia en el Máster Universitario en Sistemas Espaciales (MUSE) de la Universidad Politécnica de Madrid en las asignaturas en las que es necesario disponer de información sobre el entorno espacial. Con este propósito, los autores, quienes son todos profesores del Máster Universitario en Sistemas Espaciales (MUSE), han recopilado y consolidado conocimientos provenientes de diversas fuentes. Estas fuentes incluyen desde los textos clásicos utilizados en la enseñanza de dinámica espacial en la Escuela de Aeronáutica de la UPM, como los elaborados por el profesor Tomás Elices, hasta las regulaciones modernas de estandarización espacial de la industria europea, que se encuentran detalladas en las normativas ECSS.

Los autores desean expresar su reconocimiento al profesor José Meseguer Ruiz fallecido hace unos años, antiguo director de Instituto Universitario de Microgravedad "Ignacio Da Riva" (IDR), editor de la serie de "Ingeniería y Tecnología Espacial" en la que se enmarca este libro, y que inició la aventura de escribir este libro, reuniendo materiales y animando y apoyando en las primeras fases de la redacción. También les gustaría agradecer al profesor Ángel Sanz Andrés, actual director del IDR y quién continuó con la labor de espolear la redacción de este libro, aportando numerosos consejos y valiosas correcciones. Finalmente, Salvatore Mangano quiere dar las gracias a su esposa, Verónica García Martínez, por su inestimable ayuda para hacer más comprensible la escritura de un suizo en español.

Madrid, enero de 2024

1

Entorno terrestre de un vehículo espacial

1.1. Introducción

Hasta la fecha, los vehículos espaciales se construyen en factorías terrestres, normalmente en varias partes que se realizan en distintas instalaciones de producción repartidas en una determinada área geográfica. Estas partes, subsistemas y equipos, tras superar con éxito las campañas de ensayos pertinentes, son trasladados a un complejo central donde se produce la integración y los ensayos finales de aceptación para vuelo, desde donde el producto final, normalmente segmentado en trozos si el vehículo espacial es muy grande, es remitido a la base de lanzamiento, donde es vuelto a ensamblar y, tras seguir un procedimiento de comprobación y verificación, integrado en el lanzador (que a su vez ha sufrido un proceso semejante).

La fabricación de un producto espacial, en cuanto éste resulta ser algo complejo, requiere de una organización normalmente distribuida que ha de estar sometida a una gestión necesariamente muy eficiente a fin de asegurar que cualquier parte del sistema espacial estará donde ha de ser integrada en

1

una parte mayor de dicho sistema, en el tiempo apropiado y en las condiciones técnicas que haya impuesto la dirección del proyecto. Una de las condiciones sin duda críticas para la futura supervivencia del sistema una vez en órbita, es que ni el sistema en su conjunto ni ninguna de sus partes haya sufrido deterioro en sus prestaciones a consecuencia de haber estado inmersos en ambientes inadecuados desde el punto de vista de la operación del sistema, o haber sufrido manipulaciones incorrectas (por ejemplo, durante el transporte) que hayan podido afectar a la integridad del sistema.

Durante las fases de desarrollo y operación un vehículo espacial está expuesto a entornos naturales y artificiales y, contrariamente a lo que generalmente se cree, no suele ser en el lanzamiento y el propio entorno espacial donde están los mayores peligros para el ingenio espacial. El vehículo se diseña para ser lanzado y para que opere en el espacio, por lo que, si el diseño es correcto, estas etapas no deben representar un peligro para la integridad del sistema. Aunque puede parecer paradójico, en muchos casos la etapa más peligrosa en la vida de un ingenio espacial tiene lugar durante la fase de construcción, cuando aún está en tierra en manos de los responsables de su fabricación, y es que, como las naves espaciales se diseñan para operar en el ambiente espacial, a veces los requisitos de manejo en tierra, transporte y ensayos sólo se tienen en cuenta de modo marginal, por lo que esas operaciones pueden representar de hecho un riesgo comparable, si no mayor, que cualquier otro que pueda presentarse en un vuelo espacial normal.

Durante su permanencia en la superficie terrestre los vehículos espaciales y sus componentes están sometidos a una gran diversidad de ambientes potencialmente agresivos, siendo la propia atmósfera terrestre la principal fuente de problemas.

La atmósfera, que contiene agua y oxígeno, es muy corrosiva para un buen número de materiales entre los que se incluyen muchos de los utilizados en un vehículo espacial, tales como las aleaciones ligeras de uso estructural. En la norma ECSS-Q-ST-70-01C. Control de limpieza y contaminación (*Cleanliness and contamination control*), se establecen los principios a seguir en el desarrollo de un ingenio espacial con el fin de asegurar el éxito de la misión mediante la definición de niveles de contaminación aceptables para los diferentes elementos del sistema espacial, procedimientos para alcanzar estos niveles y mantenerlos, teniendo en cuenta la influencia de la contaminación en las características del producto, definición de instalaciones y herramientas para control y seguimiento de la contaminación, selección de materiales y procesos, y planificación de actividades, aunque esta no es la única norma a tener en consideración (véase la sección 1.2).

Por ejemplo, la corrosión de elementos estructurales podría ocasionar concentraciones de esfuerzos que condujeran a fallos durante el lanzamiento, y de igual modo la corrosión de las patillas de los conectores eléctricos podría aumentar la resistencia eléctrica degradando las prestaciones. Por todo ello puede ser deseable controlar la humedad del aire durante el proceso de integración e incluso, en casos extremos, excluir totalmente el oxígeno y la humedad del entorno del vehículo, substituyéndolos por otros gases inertes tales como nitrógeno y helio. Afortunadamente estos requisitos extremos sólo son de aplicación en algunos equipos muy específicos y singulares (tal podría ser el caso de ciertos instrumentos científicos) y, en general, un vehículo espacial puede estar sin peligro en una atmósfera normal siempre que la humedad no sea muy alta. Sin embargo, una humedad demasiado baja tampoco es recomendable por al menos dos razones, una de ellas es la sensación de comodidad para los operarios que estén trabajando en el vehículo y otra son las cargas electrostáticas. Un valor de compromiso para la humedad relativa puede estar en torno al 40 % o al 50 %.

Otra fuente de problemas en la atmósfera terrestre es el polvo que, incluso en ambientes naturales considerados normalmente como limpios, se acumula muy rápidamente sobre las superficies horizontales. Es posible que excepcionalmente, en algunos casos una leve capa de polvo sobre el vehículo espacial no constituya motivo de preocupación, pero estos casos son excepcionales, pues el polvo puede afectar a mecanismos muy delicados y obturar pequeños orificios, y es del todo inadmisible su presencia alrededor de la nave una vez inyectada en órbita.

En efecto, si el vehículo se lanza al espacio con partículas de polvo en sus superficies es posible que éstas se desprendan, permaneciendo casi indefinidamente en las proximidades del mismo, y conviene tener presente que por ejemplo un sensor de estrellas instalado en el satélite puede confundir una partícula de polvo iluminada por el Sol con una estrella, lo que podría ocasionar, como así ha ocurrido, la pérdida de referencia en el control de actitud del vehículo. Hay que señalar también que el polvo lleva asociado una cierta población de virus y bacterias que son inaceptables en cualquier vehículo espacial, y muy especialmente si éste está destinado a visitar otros cuerpos del Sistema Solar (véase la norma ECSS-Q-ST-70-55C. Examen microbiano del equipamiento de vuelo y salas limpias (*Microbial examination of flight hardware and cleanrooms*), 2008).

1.2. Contaminación

El polvo existente en el aire es pues un contaminante, y esta denominación se extiende a cualquier molécula no deseada o partícula de materia (incluida la materia microbiológica) depositada sobre la superficie o situada en el entorno de un dispositivo, que puede afectar o degradar sus características relevantes, o modificar su vida útil.

La fase de un proyecto espacial etiquetada como AIV (*Assembly, Integration and Verification*) es donde se realiza el ensamblaje final de los equipos y partes, su integración en el vehículo y la comprobación de que se satisfacen las características esperadas. Estas actividades han de llevarse a cabo en un lugar apropiado, donde las condiciones ambientales sean conocidas y controladas, de modo que se pueda asegurar que el vehículo que se inyectará en órbita, además de haber sido probado para cualquier eventualidad conocida que pueda encontrarse en órbita, no ha sufrido merma en sus prestaciones debido a la contaminación que cualquier cuerpo recibe cuando está en la superficie terrestre, donde el ambiente es muy distinto del existente fuera de la atmósfera.

Ciertamente, el control de la contaminación es un aspecto de importancia capital en la construcción de vehículos espaciales, hasta el punto de que el diseño de cualquier unidad de uso espacial se lleva a cabo de acuerdo con un plan de control de contaminación: un documento que define los niveles de limpieza que se deben satisfacer para que el instrumento se ajuste a los requisitos de la misión que ha de cumplir. Es importante señalar que a veces, cuando se trata de instrumentos en extremo delicados, se suele establecer un presupuesto de contaminación, en el que se especifican los porcentajes de contaminación que pueden ser acumulados durante las diversas fases de montaje, ensayos, puesta en funcionamiento y operación (por ejemplo, 60 % durante las operaciones en tierra y 40 % durante y después del lanzamiento).

En lo que se refiere a los instrumentos de una misión científica (por ejemplo, detectores de radiación) los requisitos de control de contaminación son diferentes para diferentes intervalos de longitud de onda y según sean las tecnologías empleadas. Como es obvio, si se trata de longitudes de onda comparables en tamaño a las partículas de polvo (unos pocos micrómetros), es necesario controlar las fuentes de dispersión de polvo, y en el caso de los detectores criogénicos, que actúan como bombas criogénicas capaces de atrapar cualquier molécula libre, el control de la desgasificación es un factor realmente importante. En consecuencia, el espectro de requisitos resulta ser amplísimo, y así instrumentos que han de funcionar en el espectro ultravioleta extremo utilizando detectores criogénicos precisan de procedimientos de control de contaminación especialmente sofisticados, mientras que los instrumentos que operan en el espectro radioeléctrico, empleando detectores que trabajan a temperatura ambiente pueden no necesitar ningún tipo de control de contaminación especializada.

La contaminación se suele clasificar en dos tipos, contaminación por partículas y contaminación molecular, dependiendo del tamaño, aunque en realidad el tamaño de los contaminantes constituye un espectro continuo que varía desde el tamaño de las moléculas hasta el de partículas visibles de la piel humana y pequeñas virutas generadas durante los procesos de mecanizado. Las moléculas volátiles que se condensan en las superficies de los instrumentos, desde alcoholes simples y vapor de agua hasta moléculas de cadena larga de lubricantes y plastificantes, constituyen la llamada contaminación molecular, mientras que partículas pertenecientes a la escala que se extiende de tamaños de 0.1 micrómetros, invisibles, hasta 1 mm constituyen lo que se conoce como contaminación por partículas. Las partículas mayores de 1 mm son simplemente una consecuencia de la falta de limpieza y se conocen simplemente como suciedad (Kent, 2013).

Hay dos procedimientos para supervisar la contaminación de partículas, por una parte se utilizan sistemas continuos que cuentan el número de partículas de un tamaño determinado en una muestra de aire que entra en el medidor, y existen también sistemas basados en la integración de la lluvia de partículas a través del oscurecimiento de placas testigo que han estado expuestas al medio ambiente de sala limpia durante un tiempo dado (véase ECSS-Q-ST-70-50C, 2011).

En el caso de la contaminación molecular, la cuantificación del nivel de contaminación se suele hacer midiendo la densidad superficial de los residuos no volátiles (*Non-Volatile Residue*, NVR), depositados sobre placas testigo expuestas al entorno a medir durante horas, o incluso días, y después se mide la masa depositada siguiendo procedimientos verdaderamente sofisticados que quedan fuera del alcance de este texto (véase Kent, 2013).

1.3. Cuantificación de los niveles de limpieza

Así pues los vehículos espaciales están expuestos a contaminación por partículas, término que denota a las porciones de materia de proporciones micrométricas que inevitablemente terminan depositándose sobre las superficies del vehículo durante los procesos de manufactura, integración, ensayos y lanzamiento (raramente este tipo de contaminación ocurre una vez en órbita). La contaminación por partículas es especialmente crítica en el caso de instrumentos ópticos.

La cantidad de partículas que se depositan sobre una superficie está directamente relacionada con la de partículas existentes en el aire circundante. Y la calidad del aire (clase) se expresa en términos del número máximo de partículas por unidad de volumen de aire.

De acuerdo con la norma ECSS-Q-ST-70-01C (2008), que a su vez recoge las especificaciones de la norma ISO 14644-1 (2016), el número máximo de partículas por m^3 de aire en función del tamaño D de las mismas, dentro del intervalo comprendido entre 0.1 μm y 5 μm, correspondiente a las diferentes clases reconocidas en la norma, queda determinado por la expresión:

$$C_{nISO} = 10^N \left(\frac{0.1}{D} \right)^{2.08}, \tag{1.1}$$

donde C_{nISO} es la máxima concentración permitida de partículas en el aire cuyo tamaño es igual o más grande que el tamaño considerado, expresada en partículas por metro cúbico de aire. Esta concentración máxima se expresa redondeada a un número entero, con un máximo de tres cifras significativas; N es el número de clasificación ISO, cuyo límite superior es 9 (no necesariamente ha de ser un número entero, se puede expresar también con un decimal, siendo 0.1 el incremento permitido más pequeño), D es el tamaño considerado de las partículas, expresado en micrómetros, μm, y 0.1 es una constante, también expresada en micrómetros.

Esta expresión es la representada en la figura 1.1.

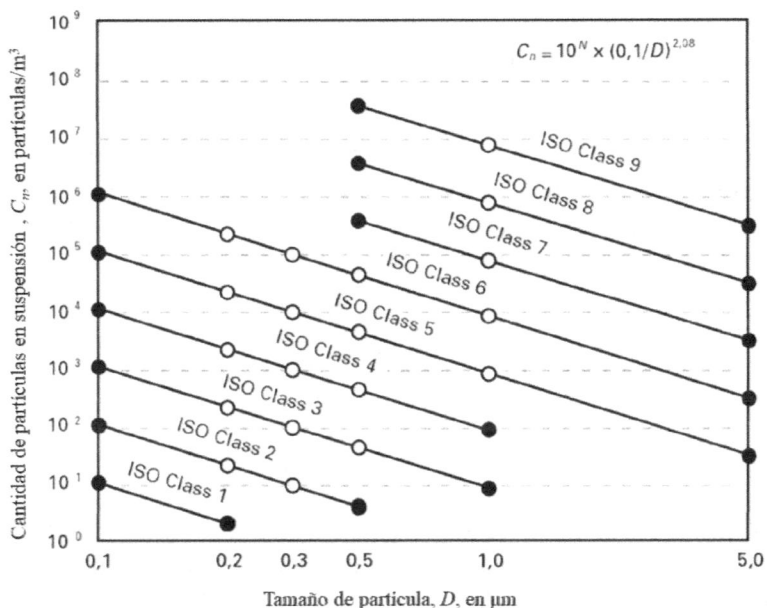

Figura 1.1: Variación con el tamaño característico de las partículas sólidas en el aire, D, de la concentración de partículas de tamaño igual o superior a D según la norma ECSS-Q-ST-70-01C (expresión (1.1)).

Se debe notar que, de acuerdo con esta norma, el tamaño de 5 micras en un volumen de aire dado se estima que es mucho más crítico que el número de partículas de menor tamaño, pues la materia que se deposita sobre las superficies depende principalmente de las partículas de 5 micras o mayores. Hay que añadir también que el nivel de limpieza de una sala limpia puede ser seleccionado únicamente cuando se conocen los factores de oscurecimiento especificados para las diferentes superficies críticas del vehículo espacial, siendo el tamaño de 5 micras el utilizado corrientemente en este criterio, ya que para superficies ópticas las partículas de mayor tamaño resultan ser críticas, mientras que para rodamientos y engranajes las partículas con tamaños entre 10 y 40 micras suelen ser más dañinas.

Aunque el número de clasificación ISO es de uso recomendado en la norma ECSS-Q-ST-70-01C (2008), en otras zonas geográficas del mundo se suele utilizar la nomenclatura americana (Federal Standard 209 E), en la que la clase del aire en una sala limpia se expresa por el número de partículas de tamaño igual o superior a 5 micras contenido en un metro cúbico de aire, o contenido en un pie cúbico de aire, según se emplee en esta norma estadounidense el sistema internacional de unidades o el sistema británico o imperial.

De acuerdo con el documento Federal Standard 209 E, la concentración de partículas con un tamaño superior al de referencia (0.5 micras) se puede estimar mediante las expresiones:

$$C_{MBU} = N_{cBU} \left(\frac{0.5}{d}\right)^{2.2},$$ (1.2)

$$C_{MSI} = 10^M \left(\frac{0.5}{d}\right)^{2.2},$$ (1.3)

donde N_{cBU} es el número de partículas del tamaño igual o superior al de referencia, que coincide con la denominación de la clase cuando se utiliza el sistema británico de unidades, y M es la designación numérica de la clase cuando se emplea el sistema internacional de unidades, 0.5 es la constante, con dimensiones de micras, que fija el tamaño de las partículas de referencia, y d es el tamaño característico de las partículas, también expresado en micrómetros.

La expresión (1.3), concentración en función del tamaño de las partículas, es diferente a la que aparece en la figura 1.1.

Respecto a las relaciones entre los diferentes identificadores de clases de aire, igualando las expresiones de las concentraciones de partículas dadas por (1.2) y (1.3), ambas referidas a la misma unidad de volumen (un pie cúbico equivale a 0.027 m³), se tiene $10^M = N_{cBU}/0.027$, luego tendríamos que $M = \lg 10(N_{cBU}/0.027)$, así la clase 100 000 del sistema estadounidense expresada en unidades británicas sería aproximadamente equivalente a la clase $M = 6.5$ del mismo sistema en unidades del sistema internacional. Igualando ahora las expresiones (1.1) y (1.3) se obtiene $10^N(0.1/D)^{2.08} = 10^M(0.5/d)^{2.2}$, y tomando $d = 0.5$ μm resulta $0.035 \cdot 10N = 10M$, de modo que, calculando el logaritmo en base 10 de ambos miembros se obtiene $N - 1.45 = M$, es decir, teniendo en cuenta el criterio detallado respecto al número de decimales en las expresiones de las clases, $N = M + 1.5$, lo que indica que aproximadamente la nomenclatura ISO se obtiene sumándole 1.5 unidades a la nomenclatura métrica de la Federal Standard 209 E. En el cuadro siguiente se presenta la equivalencia entre clases de aire, con algunos ejemplos típicos de uso; S.B. indica sistema británico, y S.I. Sistema Internacional.

FS 209 E		ISO 14644-1	
S.B.	S.I.	S.I.	
1	1.5	3	Industrias de semiconductores
10	2.5	4	
100	3.5	5	Componentes ópticos sensibles al polvo
1000	4.5	6	
10^4	5.5	7	Salas limpias para la integración de sistemas espaciales de especial tratamiento
10^5	6.5	8	Salas limpias para la integración de la mayoría de los sistemas espaciales
3.5×10^5	7	8.5	Aire normal en el campo, lejos de zonas industriales y urbanas

1.4. Salas limpias

Para prevenir la contaminación por el polvo los vehículos espaciales y los subsistemas que los componen se integran y ensayan en zonas denominadas áreas o salas limpias. En general un área limpia requiere el uso de materiales que no generen polvo en las paredes, suelos y techos, y un sistema de suministro de aire acondicionado que asegure los niveles apropiados de limpieza, lo que se consigue mediante el uso de filtros de polvo para el aire, generalmente hechos de materiales porosos, papel, si se trata de reducir la contaminación de partículas, y de filtros de carbón, colocados antes de los filtros de material poroso en el caso de contaminación molecular. En algunos casos muy específicos y singulares se requiere incluso el mantenimiento de un flujo unidimensional de aire a través del área limpia, para evitar en lo posible que las partículas de polvo que queden en el aire filtrado se depositen en las superficies horizontales.

Los seres humanos son una fuente de contaminación de partículas de primera magnitud, pues además de las fibras de tamaño muy pequeño que normalmente se desprenden de la ropa de uso cotidiano, de los seres humanos se desprenden cabellos, células muertas de la piel, y gotas de sudor, en cantidades significativas desde el punto de vista de la limpieza de un ingenio espacial. Por ejemplo, un ser humano típico puede arrojar en torno a 1000 partículas de piel reseca por segundo, y los fumadores representan una fuente de partículas contaminantes adicional debido a los residuos de humo en la respiración. En ambientes extremadamente limpios, se estima que debería transcurrir un tiempo mínimo de dos horas después de fumar, antes de entrar en una sala limpia.

Para paliar estos inconvenientes, en las salas limpias se utiliza ropa especial con el propósito de mantener confinada la contaminación debida a los seres humanos, y dependiendo del nivel de contaminación permisible, se utilizan batas y otros complementos, y si los requisitos son más exigentes, monos de trabajo. Obviamente estas vestimentas han de estar hechas de tejidos que no generen partículas y que sean capaces de atrapar partículas de escala micrométrica. Otro aspecto a tener en cuenta es que el piso de una sala limpia raramente estará completamente limpio (en el sentido que precisa el entorno de integración de un vehículo espacial), de modo que las diferentes tareas han de realizarse lejos del suelo (lo ideal sería que todo el trabajo en una sala limpia se llevara a cabo a la altura de la cintura de los operarios). La limpieza del suelo debería hacerse diariamente, pero si no es así, el movimiento de los operarios a través de la sala limpia debe ser cuidadoso, de modo que se perturbe lo menos posible la capa de polvo que se concentra en el suelo.

Si la sala limpia ha de satisfacer los niveles más altos de limpieza (ISO 5, o clase 100), el equipamiento inicial incluye patucos desechables, gorros para el pelo, máscaras, y guantes, y el operario, una vez equipado con los complementos enumerados, debe enfundarse en un mono de trabajo con una capucha con máscara incorporada, otro juego de cubre-botas y finalmente un par exterior de guantes. Con un equipamiento como el descrito se puede lograr el mantenimiento de la clase ISO 5, pero claramente a costa de la comodidad del operador. Por todo ello, es práctica común reducir al mínimo la presencia de personas en las salas limpias de alto nivel; Por ejemplo, para las operaciones normales en salas limpias de clase ISO 5, es necesario limitar el número de personas en su interior, y una regla empleada para estimar este número es no admitir más de una persona por cada 10 m^3 de volumen de la sala limpia, o una persona por cada 5 m^2 de superficie. Obviamente los requisitos de vestimenta se relajan conforme aumenta el número de clasificación ISO (lo que significa mayor número de partículas contaminantes por unidad de volumen). Así, en una sala limpia de clase ISO

8 (clase 100 000) la vestimenta especial se limita al uso de patucos, batas, gorros para el pelo y mascarillas si el operador usa barba, y guantes. Como es fácil de comprender, todo lo relativo a la contaminación debida a las personas es también aplicable a las herramientas que se usan dentro de una sala limpia, donde debe estar prohibido emplear herramientas que incorporen materiales que puedan producir desgasificación de contaminantes (lo más razonable es emplear herramientas de acero inoxidable sometidas a controles de limpieza como el resto de elementos de la sala limpia).

Hay que señalar también que debido a las especiales condiciones existentes en un área limpia, y lo estricto de los protocolos de acceso (sobre todo cuando se consideran aspectos de seguridad biológica), el trabajo en dichas áreas puede ser psicológicamente agotador aunque las tareas a realizar no impliquen un gran esfuerzo físico.

Las salas limpias suelen tener precámaras para el cambio de vestimenta, y alfombrillas o máquinas para la limpieza del calzado, e incluso duchas de aire, y de agua, si lo requiere el nivel de seguridad. Estas instalaciones no son exclusivas de la actividad espacial, pues muchas otras actividades comerciales y científicas suelen requerir condiciones de trabajo semejantes (piénsese en las industrias de electrónica y optoelectrónica, en las industrias farmacéuticas, o en aquellas otras donde se trabaja con agentes biológicos agresivos). En bastantes empresas y centros de investigación y desarrollo hay salas limpias (necesarias si se dispone, por ejemplo, de una sección de metrología), estando el número de salas limpias existentes en relación inversa con su tamaño y con los requisitos de limpieza exigidos.

En las salas limpias normales (clase ISO 8) el aire se toma del exterior y después de filtrado se inyecta en el recinto, que se mantiene ligeramente a una presión interior ligeramente mayor que la exterior, de modo que de haber fugas a través de las puertas de la exclusa el aire salga de la sala limpia. Si la sala es de un número de clasificación ISO menor (más limpia), puede ser conveniente desde un punto de vista económico recircular el aire ya limpio de la sala, añadiendo la cantidad de aire exterior filtrado y acondicionado para mantener las condiciones de habitabilidad de la sala. En algunas situaciones se emplean gases distintos del aire, como es el caso del nitrógeno seco que se utiliza para llenar las cámaras de vacío, o de la emisión de gases que provienen de la evaporación de líquidos criogénicos, y cuando este es el caso se han de tomar las medidas necesarias para asegurar que en cualquier situación el nivel de oxígeno es el adecuado para la respiración de los operarios.

Esto es así incluso aunque existan circuitos separados para los distintos gases. Por ejemplo, en una cámara de vacío térmico, para alcanzar temperaturas criogénicas no demasiado bajas se emplea nitrógeno líquido proveniente de un depósito exterior que tras pasar por los circuitos de refrigeración de la cámara es venteado al exterior. El funcionamiento de este equipo, que exige un recinto de trabajo limpio para evitar la posible contaminación de los equipos ensayados, exige la colocación en el recinto de alarmas que se disparen si se produce una fuga de nitrógeno, lo que podría dar lugar a niveles de oxígeno demasiado bajos.

Como es evidente, durante la fase de montaje de un sistema espacial hay una cierta necesidad de almacenar subconjuntos, piezas y componentes. Si el almacenaje es para períodos muy cortos de tiempo (hasta un par de horas, por ejemplo) se pueden guardar momentáneamente los artículos en estanterías situadas en la sala limpia, pero si los periodos de almacenaje han de ser más largos, tales productos necesitan ser almacenados en recipientes cerrados (cajas y bolsas con cierres estancos) obviamente limpios, que se guardan en la sala limpia. Esto también se aplica al sistema en construcción que, cuando no se está trabajando activamente en el mismo, ha de estar protegido de la deposición de contaminantes por una cubierta limpia, como puede ser una lámina de material plástico compatible con las condiciones de la sala limpia.

Obviamente, todo lo que entra en una sala limpia debe estar limpio. Si los requisitos de la sala son muy exigentes, por que lo sean los de los equipos que se están integrando en su interior, los proveedores de componentes han de proporcionar un certificado de limpieza donde se indique el nivel de limpieza alcanzado. Además, ha de llevarse a cabo una inspección del nivel de contaminación de partículas antes de la entrada del componente en la sala limpia. Esto se hace generalmente en una antecámara de sala limpia (el lugar donde se retira el embalaje que protege al componente durante el transporte no es un lugar adecuado). Una simple inspección visual es suficiente para determinar si el proveedor ha hecho el esfuerzo adecuado para cumplir con los requisitos de limpieza. Si todo está bien tras la simple inspección visual, el siguiente paso es la inspección usando lámparas de alta luminosidad para confirmar la limpieza en niveles superiores. La luz blanca se utiliza para inspeccionar partículas inorgánicas y metálicas, tales como restos de virutas de mecanizado. Una lámpara ultravioleta es útil para la inspección de los restos orgánicos, tales como partículas de piel y fragmentos de cabello.

Para alcanzar un nivel de limpieza como el de la clase ISO 5, el proceso ha de ser acometido en varias etapas, con una primera limpieza basta en un área previa de preparación, seguida de una etapa de limpieza concienzuda en una sala de clase 6 seguida de un calentamiento en vacío para eliminar los elementos volátiles, y utilizando analizadores de gases residuales (RGA, *Residual Gas Analyzers*) para identificar cualquier fallo que haya podido producirse en esta fase de limpieza. Ciertamente es necesario disponer de un conjunto de procedimientos de limpieza para cubrir la amplia gama de materiales que necesitan ser limpiados. Por razones de economía, y también en aras de evitar errores, es aconsejable que en estos procedimientos el catálogo de productos de limpieza esté acotado, de manera que para una mayoría de procedimientos de limpieza basta con disponer de agua desionizada, disolventes comunes como el alcohol isopropílico, y detergentes no iónicos. Respecto a la limpieza mediante calentamiento en vacío, esta técnica descansa en el hecho de que la difusión y las tasas de desgasificación aumentan considerablemente con la temperatura, de manera que aproximadamente un aumento relativo del 10 % en la temperatura absoluta incrementa las tasas de desgasificación en un factor de 10. El punto final del proceso de calentamiento en vacío se alcanza cuando se ha alcanzado un umbral de desgasificación predefinido, que se puede basar en la medición de la frecuencia de una micro balanza de cristal de cuarzo de temperatura controlada (TQCM, *Temperature controlled Quartz Crystal Micro balance*) o en la lectura de la presión parcial de un analizador de gases residuales (RGA).

Además del polvo también se ha de considerar el inconveniente que puede significar la electricidad estática, que puede dar lugar a la aparición de potenciales eléctricos considerables en la piel humana, plásticos y otras superficies. Algunos componentes electrónicos, en particular los circuitos integrados u otros elementos que utilizan la tecnología de semiconductores de óxidos metálicos, son particularmente sensibles a los altos voltajes, y pueden resultar dañados ante una descarga (lo que podría ocurrir, por ejemplo, al acercar un técnico uno de sus dedos al componente). Para evitar estos problemas el personal que trabaje en un área limpia debería estar permanentemente conectado a tierra, lo que se consigue haciendo que tanto el suelo como el calzado sean conductores.

Dado que el aire seco contribuye a la acumulación de electricidad estática es deseable que durante las fases de montaje y ensayos, los instrumentos, partes y subsistemas sean almacenados y manipulados en condiciones de humedad controlada, de modo en la zona de trabajo el aire no esté excesivamente seco ni demasiado húmedo. Un valor de compromiso que satisfaga los requisitos de corrosión y electricidad estática conduce a un valor de la humedad relativa del aire entre el 40 % y el 50 %, pues, como se ha dicho, si la humedad es demasiado alta aparecen los problemas asociados con una atmósfera húmeda (la degradación del material, generación de películas superficiales, etc), y si es demasiado baja, el problema entonces puede ser la generación de cargas electrostáticas. Las cajas, láminas y telas de material plástico que se emplean para proteger equipos, utilizadas porque producen pocas partículas (polvo), tienden a cargarse eléctricamente, y aunque existen plásticos especiales que son conductores, y tratamientos que producen el mismo fin, el carácter conductor se puede perder con el tiempo, por lo que es aconsejable controlar periódicamente esta propiedad en todos los objetos situados en el interior de una sala limpia. En teoría, una vez montados todos los componentes electrónicos, y aisladas todas las conexiones eléctricas, el vehículo espacial debería estar a salvo de las descargas eléctricas.

1.4.1. Salas limpias del proyecto UPMSat

Si los requisitos de limpieza durante la integración no son muy estrictos, en las áreas de integración de muchos satélites se requiere tan sólo que la calidad del aire sea de clase ISO 8, o bien clase 100 000 o M 6.5 si se emplea la clasificación del sistema anglosajón. Por ejemplo, la integración del microsatélite UPM-Sat 1 se llevó a cabo en un pequeño local de la E.T.S.I. Aeronáuticos en la Ciudad Universitaria de Madrid convenientemente acondicionado. En esta habitación, con un volumen de $16\,m^3$, se construyó una precámara con tableros de aglomerado plastificado y se pintaron las paredes con pintura acrílica. Para la recirculación y filtrado del aire se colocaron dos conductos, uno de inyección y otro de recogida conectados a una unidad de filtrado compuesta por un ventilador y varios filtros renovables, con los que se alcanzaba la Clase 100 000 (sistema imperial de unidades) equivalente a la clase M6.5 del Federal Standard 209 E, o la clase ISO 8, correspondientes al sistema internacional de unidades (ECSS-Q-ST-70-55C, 2008). Esta sala limpia no disponía de elementos de regulación y control de humedad y temperatura, y su coste fue de unas pocas decenas de miles de euros, excluido, claro está, el coste inicial del local donde se instaló.

Algo similar se ha realizado para la integración del microsatélite UPMSat-2, habiéndose habilitado en las instalaciones de IDR/UPM en el Campus de Montegancedo de la Universidad Politécnica de Madrid (Pozuelo de Alarcón, Madrid) una sala limpia de iguales características (clase 100 000, clase M6.5 o clase ISO 8), para la que se ha utilizado incluso el mismo sistema de filtrado de aire utilizado en la anterior sala limpia en la E.T.S.I. Aeronáuticos. Esta sala limpia actualmente dispone de una cabina portatil que permite ampliar a clase 10 000 (o clase ISO 6) una pequeña parte de la sala limpia en torno a la cámara de vacío térmico.

1.5. Transporte

Otro elemento de preocupación por los daños que se pueden causar a los vehículos espaciales es el de las maniobras asociadas al transporte del vehículo, bien sea de unas instalaciones a otras durante las fases de integración y ensayos o bien durante el transporte final a la base de lanzamiento. Durante el traslado del vehículo de un punto a otro de la superficie terrestre éste está sometido a condiciones de vibración y choques posiblemente más severas que las existentes en el lanzamiento, sobre todo en el transporte por carretera, y además durante un tiempo mayor (la operación de transporte suele durar horas o días frente a unos cuantos minutos en el lanzamiento). En el caso de grandes vehículos (satélites muy grandes o lanzadores) y viajes muy cortos el problema se soluciona desplazándolos lentamente sobre una pista preparada para este fin. En el caso de viajes largos, a velocidades altas, es preciso utilizar vehículos de transporte especiales.

Si el tamaño del vehículo espacial a trasladar lo permite, el transporte aéreo presenta ciertas ventajas frente al transporte terrestre en el caso de desplazamientos grandes, y dentro de las opciones del transporte aéreo son preferibles los aviones equipados con motores a reacción frente a los aviones de hélice, ya que en los primeros el nivel acústico y de vibraciones es menor. Por supuesto es necesario proteger al vehículo transportado de las cargas que se producen durante el despegue y el aterrizaje o de las que se producen al entrar un avión en una zona de turbulencias. Hay que tener también en cuenta el ciclo de presurización y despresurización que se produce durante el vuelo pues, por ejemplo, un recipiente cerrado, diseñado para aguantar una presión interior de varias atmósferas, podría colapsar fácilmente si durante el vuelo se despresurizara (con lo que la presión en el interior sería la existente a varios miles de metros de altura) y se produjera un descenso rápido de la aeronave. Este problema es relevante cuando se transportan vehículos lanzadores o partes de los mismos, es decir grandes depósitos de paredes relativamente delgadas.

Al decidir si el transporte se va a hacer por aire o por carretera se debe tener en cuenta que en cualquier caso hay que llevar la carga por carretera hasta el aeropuerto, cargarla en la aeronave, realizar el vuelo y lo mismo, pero en orden contrario, al finalizar éste. Así, en el caso de desplazamientos medios se ha de decidir qué es más conveniente, si volar, con las operaciones de manejo intermedias asociadas, o realizar todo el trayecto por carretera.

En el caso de estructuras espaciales muy grandes el único medio práctico para trayectos medios es el marítimo o fluvial. Las primeras etapas de los lanzadores Saturno V se transportaban en barcazas, e igual medio se usaba para el transporte de los tanques principales del Shuttle entre Luisiana y Florida. Algo semejante ocurre con los lanzadores de las diversas familias Ariane, que se construyen en diversas factorías repartidas por toda Europa, se transportan al lugar de integración en Francia, y se envían despiezados en varios segmentos por barco hasta el Puerto Espacial Europeo en la Guayana Francesa. En el caso de los cohetes Soyuz lanzados desde esta base, el transporte se efectúa por tren desde las factorías de Samara y Moscú hasta San Petersburgo, y por barco desde este puerto hasta la Guayana Francesa.

Obviamente, durante el transporte es preciso asegurar el cumplimiento de los requisitos de humedad, limpieza, etc., lo que obliga a cuidar el diseño y los procedimientos de embalaje, colocando los elementos testigo necesarios que permitan conocer si en algún momento durante el viaje se ha roto la cadena de seguridad ambiental.

En general, los vehículos que han de volar al espacio llegan a la base de lanzamiento divididos en varias partes, con las distintas partes embaladas independientemente, cada una bajo los estrictos requisitos de seguridad que se han de adoptar para aguantar las posibles contingencias que pudieran surgir durante el viaje. Lo normal es que se utilice una doble o triple envoltura, dependiendo del componente en consideración; si el componente es pequeño, tras los ensayos de vacío térmico empleados para limpiar el componente, es introducido en una bolsa de plástico con cierre hermético en cuyo exterior se fijan los testigos de control señalados. La bolsa instrumentada se introduce en otra bolsa también de cierre hermético, y el conjunto en

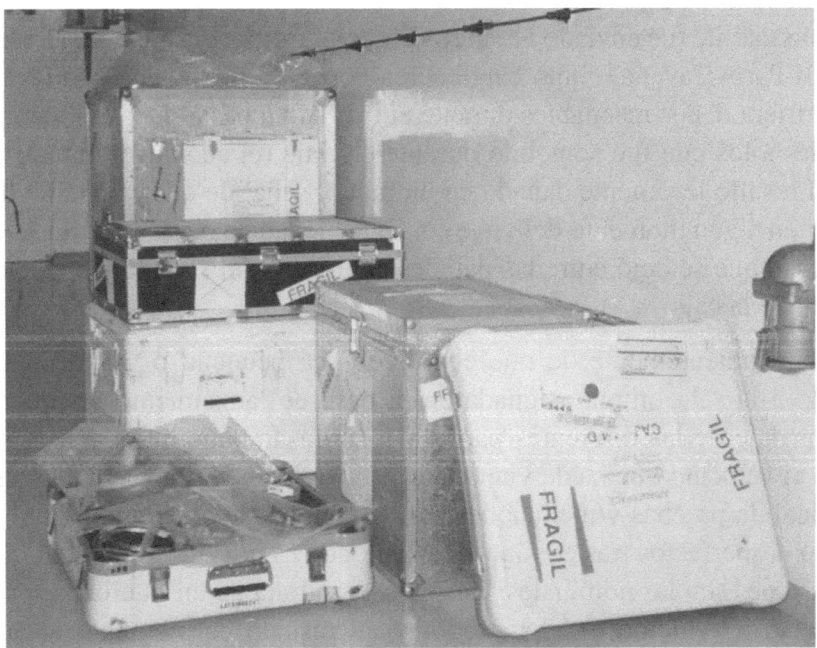

Figura 1.2: Vista de los contenedores usados para el transporte del satélite UPM-Sat 1 a su llegada a la base de lanzamiento en la Guayana Francesa.

una caja o embalaje rígido de seguridad. Si el equipamiento a transportar es grande, es preciso diseñar un contenedor que satisfaga los mismos requisitos, dotándolo incluso de los elementos activos necesarios para mantener las condiciones ambientales precisas en su interior. En el caso de pequeños satélites los retos del transporte son mucho más modestos, y las soluciones a adoptar para garantizar el transporte adecuado pueden ser bastante más sencillas y caseras. Por ejemplo, el contenedor empleado para el transporte del microsatélite UPM-Sat 1 desde Madrid hasta la Guayana Francesa fue una caja metálica estanca, acolchada interiormente (construida por un fabricante de embalajes para instrumentos musicales), a la que se le instaló una plataforma antivibratoria en la base, formada por una plataforma móvil sobre la que se atornillaba el satélite, unida a la base de la caja metálica mediante cuatro muelles. En esta caja viajó el cuerpo del satélite, conveniente embalado en bolsas de plástico, desprovisto de los elementos exteriores (paneles solares, antena y sistema de separación), cuyo transporte, al igual que el de los elementos de repuesto, y el utillaje preciso para la campaña de lanzamiento, se hizo en otros contenedores de características similares (figura 1.2).

Este satélite fue enviado al Puerto Espacial Europeo, siguiendo el trayecto Madrid-París-Cayena, como carga aérea normal a través de Air France, sin que sufriera daños reseñables durante el traslado a pesar de las vibraciones y choques a los que fue sometido durante el viaje (el acolchado interior de la caja sí resultó levemente dañado en un punto, señal de que el satélite llegó a chocar en algún momento del viaje con el acolchado a pesar de la distancia de seguridad que se dejó entre las paredes exteriores del satélite y el acolchado interior de la caja).

Independientemente de que el satélite sea pequeño o grande, una vez llegado a la sala limpia asignada en la base de lanzamiento se procede al desembalaje de las diferentes partes y a su ensamblaje hasta conformar de nuevo el vehículo que ha de viajar al espacio, al que se somete a un conjunto adicional de pruebas y mediciones para asegurar que el conjunto final no ha sufrido desperfectos tras el viaje y hasta donde es posible comprobar que sus prestaciones son las nominales. Después, si se trata de un satélite, se procede a instalar el vehículo en el lanzador y al traslado del conjunto al área de lanzamiento, desde donde se iniciará el viaje hasta la inserción del sistema espacial en la órbita estipulada.

1.6. Lanzamiento

La fase de lanzamiento es crítica en la vida de un satélite pues durante un corto período de tiempo el vehículo espacial está sometido a un estado de esfuerzos extremo que se caracteriza por importantes cargas axiales debidas a la aceleración del lanzador y laterales ocasionadas por ráfagas de viento. También debe soportar vibraciones mecánicas importantes y recibir una ración notable de energía acústica, especialmente en el momento de despegue, cuando el ruido producido por el o los motores cohete del lanzador se refleja en el suelo, y de ruido aerodinámico cuando el cohete pasa por el régimen transónico.

En los lanzamientos que tienen lugar en Europa (formalmente desde el Puerto Espacial Europeo, situado en la Guayana Francesa, en América del Sur, cerca del ecuador terrestre) y en Estados Unidos, el montaje de la nave espacial en el vehículo lanzador se lleva a cabo en una sala limpia especial, ubicada en la parte superior de la torre de lanzamiento. A esta sala llega el vehículo espacial confinado en la cofia en la que viajará al espacio, montado ya sobre la plataforma que sirve de interfaz con el lanzador (y que soporta también las cargas de pago secundarias, si las hubiera). Previamente el vehículo, que llegó a la base de lanzamiento repartido en varios contenedores con ambiente controlado, es vuelto a montar en una sala limpia de clase ISO 8, desde donde es transferido a la plataforma de lanzamiento. Incluso cuando ya está instalado en lo alto del lanzador, durante un intervalo corto de tiempo, unas horas, el vehículo, y por tanto, la instrumentación embarcada, están expuestos a un ambiente más contaminante que la requerida para la integración de la instrumentación, situación sólo admisible durante un período relativamente corto de tiempo. Un retraso en el lanzamiento que alargue este periodo de tiempo limitado puede tener efectos perjudiciales.

Entre las numerosas actividades que han de ser consideradas en un lanzamiento están el suministro de energía y otros suministros necesarios para el vehículo espacial en su conjunto (plataforma y cargas útiles). Estos suministros son aportados a través de un cordón umbilical, que se retira poco antes del lanzamiento.

En efecto, durante la ascensión del lanzador la presión en el exterior del cohete desciende en un par de minutos desde los aproximadamente 10^5 Pa existentes en la superficie terrestre hasta niveles de presión del orden de 10^{-4} Pa, de modo que si la presión interior no sigue la misma evolución se pueden originar cargas de presurización importantes en algunos elementos del satélite, con las consiguientes implicaciones estructurales, si no se han dimensionado correctamente los orificios por los que ha de salir el aire, de manera que el proceso de ventilación de los espacios interiores sea lo suficientemente rápido (Sanz-Andrés, 1999). Todo ello requiere un cuidadoso diseño de las rejillas de ventilación y un análisis detallado de su posicionamiento, teniendo en cuenta, además, que estas rejillas son posibles cauces para la contaminación durante el montaje del sistema. Aunque cada caso de recinto a ventilar debe ser analizado teniendo en cuenta su configuración particular, una regla general para obtener las dimensiones aproximadas de ventilación es suponer un área de ventilación de 1 cm^2 por cada decímetro cúbico de volumen a ser ventilado. En el caso de instrumentos científicos, debe tenerse en cuenta también que en órbita dichas rejillas de ventilación permiten el acceso de plasma cargado externo al volumen interno del instrumento, y lo mismo ocurre con los instrumentos que emplean detectores ubicados en una estructura abierta, lo que obliga a considerar el uso de algún método para atrapar o desviar las partículas cargadas. Una posible solución es hacer la rejilla de ventilación con forma de laberinto, de tal manera que las partículas colisionan con las paredes del laberinto antes de entrar en el recinto del instrumento, aumentando así la probabilidad de captura.

Siguiendo con la instrumentación embarcada de uso científico, se debe decir que los niveles de presión de 10^{-4} Pa no se alcanzan hasta varios días después del lanzamiento, debido al proceso de desgasificación del sistema espacial en su conjunto. Es importante por tanto dejar un tiempo de seguridad para desgasificación antes de encender los instrumentos científicos embarcados, periodo cuya duración puede ser desde unos pocos días a meses dependiendo de la configuración del instrumento.

Una consecuencia derivada de la disminución de la presión atmosférica durante la subida es que en algún momento durante el lanzamiento el vehículo espacial se encuentra en un régimen de presiones en el que puede tener lugar la descarga del gas al encontrarse con campos de potencial eléctrico relativamente poco intensos. Por ejemplo, a presiones del orden de 100 Pa el aire deviene en un plasma eléctricamente conductor cuando está sometido a campos eléctricos tan bajos como 100 V/cm, lo que tiene importancia a la hora de decidir si un determinado instrumento se lanza encendido o no. El efecto más extremo de la fase de lanzamiento es la intensa vibración mecánica que experimenta el vehículo espacial y todos los equipos embarcados. Esta vibración tiene su origen en los componentes mecánicos del lanzador, tales como bombas de combustible, fenómenos asociados a la combustión, movimiento de líquidos en los depósitos (*sloshing*) y de mezcla de combustible líquido y oxidante. Estas cargas vibratorias son direccionales, con un efecto máximo a lo largo del vector de empuje, aunque, sin embargo, la entrada principal de perturbación mecánica es isotrópica, y surge de la interacción aerodinámica del cohete con la atmósfera circundante, en particular durante la fase de vuelo en régimen transónico, que tiene lugar cuando el lanzador se encuentra todavía en una región de la atmósfera donde la presión atmosférica es todavía relativamente alta. Además del ruido mecánico acústico del lanzador también hay momentos específicos en el lanzamiento en los que la nave espacial experimenta cargas de choque, que son las cargas transitorias asociadas a los procesos de corte y desprendimiento de las etapas consumidas del lanzador, proceso en el que se emplean pernos explosivos, y el encendido de las siguientes, así como las generadas en la separación del satélite. Estas cargas de choque de corta duración tienen un espectro de frecuencias característico que necesita ser tenido en cuenta durante la fase de diseño, y ser reproducido en los ensayos durante el programa de ensamblaje, integración y verificación anterior al lanzamiento. A todo lo anterior hay que sumar las cargas térmicas producidas por el calentamiento aerodinámico de la cubierta protectora durante el ascenso en la parte baja de la atmósfera, y el producido por la atmósfera residual una vez desprendida la cofia del lanzador.

Para asegurar que un determinado satélite queda situado en la órbita o trayectoria deseada, en condiciones de cumplir su misión, el satélite entero y en especial su subsistema estructural debe ser diseñado y calificado para que aguante los niveles de esfuerzos requeridos con cierto margen de seguridad. Los datos necesarios para el diseño preliminar de la estructura los proporciona el manual de usuario del vehículo lanzador (nivel acústico, vibraciones, percusiones...), que en el caso de vehículos lanzadores ya experimentados provienen de medidas realizadas en vuelo, si bien en el caso de vehículos lanzadores en fase de desarrollo estos datos son estimaciones o cálculos basados en modelos, o son obtenidos comparando con vehículos semejantes.

Así pues, los datos sobre el entorno de lanzamiento que se pueden obtener del manual de usuario del lanzador son apropiados para el estudio preliminar del sistema espacial en las primeras fases del proceso de diseño, permitiendo establecer un primer diseño estructural del vehículo. Sin embargo, dada la interacción vehículo-lanzador, es probable que el entorno de lanzamiento cambie algo de una misión a otra, debiéndose, en consecuencia, analizar conjuntamente satélite y lanzador como un sistema acoplado (García Pérez 2019). Es posible, pues, que el entorno de lanzamiento previsto inicialmente se modifique conforme avanza el diseño, y como el entorno condiciona a su vez el diseño, es claro que es necesario un proceso iterativo.

Esto es particularmente cierto si el satélite en consideración es el pasajero principal del vuelo, pero en el caso de las cargas de pago secundarias (como los microsatélites que se lanzan utilizando el vuelo de un satélite principal) el esquema interactivo es bastante más rígido, y el microsatélite debe cumplir estrictamente las condiciones impuestas por la compañía lanzadora y por el cliente principal de la misión o, de no ser así, demostrar que el incumplimiento de alguno de los requisitos no significa un peligro para la misión (este fue el caso de los microsatélites UPM-Sat 1 y Cerise en el vuelo V75 de Ariane 4: para ambos se relajó la condición de que la primera frecuencia propia lateral fuera superior a 50 Hz, Meseguer & Sanz-Andrés, 1998).

Un vehículo espacial se pone a prueba durante la campaña de ensamblaje, de integración y ensayos (AIV) para tener la seguridad antes del lanzamiento de que sobrevivirá a este, teniendo en cuenta, claro está, ciertos márgenes de seguridad. Las cargas que ha de aguantar el sistema dependen de las propiedades específicas del lanzador y del sistema mecánico empleado para la fijación del vehículo al lanzador. Para cada misión, el equipo responsable del lanzador emite una especificación de ensayos, fijando un límite inferior de las frecuencias propias de la nave espacial, cuyo diseño ha de ser tal que su frecuencia natural más baja esté por encima del límite de baja frecuencia, con lo que evita el acoplamiento resonante con las vibraciones del lanzador. En la campaña de ensayos para aceptación para vuelo, en los ensayos de vibración del satélite, se coloca éste sobre una mesa vibratoria, y se efectúa un barrido sinusoidal de bajo nivel de aceleración (un calor característico puede ser $0.25\,g$, donde g es el valor de la aceleración de la gravedad en la superficie de la Tierra, $g = 9.81\ \mathrm{m}\cdot\mathrm{s}^{-2}$) en el intervalo de frecuencias que se extiende desde 20 Hz hasta 2000 Hz, en cada uno de los tres ejes del sistema de coordenadas (vibración axial y laterales) Para demostrar la supervivencia del vehículo ante cargas de vibración elevadas se hacen también, empleando la misma mesa de vibración, ensayos de vibración aleatoria donde se aumenta primeramente la magnitud de las aceleraciones impuestas para decrecerla posteriormente. En este caso, los niveles de vibración pueden ser bastante altos, de hasta $25\,g$. En un párrafo anterior ya se ha mencionado la necesidad de someter al vehículo a ensayos de choque.

El grado de fiabilidad requerido a los cálculos en el diseño de la estructura depende del margen que deje libre el balance de masas, de los fondos disponibles y del tiempo que permita dedicar la planificación del proyecto. Un vehículo con un margen de masas amplio permite estudios más superficiales a costa de sobredimensionar la estructura, y lo mismo ocurre con el tiempo, si éste es corto la solución es sobredimensionar la estructura, a costa de penalizar la masa, ahorrando así tiempo en afinar los cálculos y en ensayos.

2

Entorno de meteoritos y desechos espaciales

2.1. Introducción

Al plantear el diseño de un vehículo espacial que deba cumplir una cierta misión, además del entorno de radiación es necesario también conocer el entorno espacial de partículas sólidas, que pueden ser residuos artificiales generados por otros vehículos espaciales (aunque este efecto es únicamente importante cerca de la Tierra), o residuos naturales como meteoritos, polvo y, si fuera el caso, las nubes de partículas cometarias (Agarwal y otros, 2010) y los anillos planetarios.

La finalidad de este capítulo es proporcionar una descripción, necesariamente somera, del entorno espacial, principalmente cerca de la Tierra, cuyas particularidades es preciso conocer para el desarrollo de los vehículos espaciales. Su objetivo es, por tanto, proporcionar una orientación general sobre las condiciones existentes donde los sistemas espaciales han de desarrollar sus misiones, donde han de funcionar con éxito durante toda su vida operativa en órbita. Ciertamente la información que se presenta en estas páginas no es ni siquiera suficiente para satisfacer los requisitos de un análisis preliminar de diseño, pero es conveniente conocerla, siquiera para facilitar la compresión de los procedimientos que se detallan en las normas al uso para el cálculo de la influencia del medio espacial en las actividades de los sistemas espaciales.

El entorno natural del espacio exterior se caracteriza porque en el mismo se manifiestan muchos procesos de caracteres complejos, y frecuentemente sutiles, cuyo número es superior al de aquellos que es posible tratar en una descripción general, como la que se presenta en este texto. En muchos casos, las características y las interacciones entre esta variedad de procesos son poco conocidas, y se carece incluso de medidas adecuadas sobre los mismos, siendo, a menudo, imposible definir un límite extremo (por ejemplo, el valor máximo posible que podría alcanzar una cierta magnitud) para los valores de los parámetros ambientales. Esto no constituye una dificultad insalvable, pues como es sabido, puede que no sea técnica ni económicamente factible diseñar un sistema espacial que deba soportar un valor extremo si la probabilidad de que tal valor se alcance durante la vida en servicio del sistema espacial es pequeña.

Antes de entrar en más detalles conviene presentar una pequeña aclaración respecto a la nomenclatura a emplear. En bastantes textos escritos en español, sin duda a consecuencia de la contaminación y colonización de términos técnicos provenientes de la literatura inglesa, se suele distinguir entre *meteoroides*, *meteoros* y *meteoritos*. En inglés, el primer término (*meteoroid*) sirve para cualquier cuerpo celeste de tamaño mayor al polvo interestelar, generalmente fragmentos de cometas y asteroides, pero no demasiado grandes, pues entonces su nombre pasa a ser asteroide. Cuando uno de estos cuerpos entra en la atmósfera, los fenómenos termodinámicos que ocurren durante el descenso a velocidades hipersónicas, originan el calentamiento del cuerpo, que deja en su caída un rastro brillante que en algunos textos se traduce como meteoro (*meteor*), palabra que en castellano tiene otro significado, pues se emplea para denotar los fenómenos propios de la meteorología de la atmósfera, siendo la palabra bólido la traducción adecuada de *meteor*.

Cuando un bólido no se consume completamente y llega a impactar con el suelo se tiene, ahora sí, un meteorito (*meteorite*), si bien esta distinción entre meteoroide y meteorito parece ser de uso más bien limitado en la literatura en inglés (Anderson, 1983), empleándose la primera palabra para cualquier situación. De igual modo, en lo que sigue se ha decidido emplear únicamente la palabra meteorito.

Las naves espaciales en órbita terrestre están expuestas a flujos de meteoritos naturales, la gran mayoría de tamaños ínfimos, y a desechos espaciales, y si llega a producirse una colisión con un vehículo espacial, tal colisión ocurre con una velocidad de impacto muy elevada, lo que se conoce como *hipervelocidad*.

El daño causado en los vehículos espaciales por las colisiones con meteoritos y desechos espaciales depende del tamaño, densidad, velocidad y dirección de la partícula que impacta con la nave, y por supuesto, también de las características de la estructura que sufre el impacto.

Para analizar este problema, se suele distinguir entre dos técnicas de análisis de impactos, según sea el tamaño del cuerpo que impacta sobre la nave espacial.

- Si el tamaño es grande, los cuerpos que pueden impactar resultan ser rastreables y sus características orbitales conocidas, aunque el problema dista mucho de ser determinista, pues los datos de las órbitas reales se conocen con ciertas incertidumbres que introducen bastante imprecisión en los resultados (Bérend, 1999).

- Si los cuerpos con probabilidad de colisionar son pequeños, resulta imposible su seguimiento, y en este caso únicamente queda la opción de un tratamiento estadístico.

Con los primeros, al ser conocidos sus elementos orbitales, es posible determinar su posición futura a lo largo de su órbita y evaluar en consecuencia, con las limitaciones apuntadas, las posibilidades de una colisión futura con una nave, cuyos parámetros orbitales son también conocidos. Este enfoque determinista puede proporcionar también los parámetros relevantes de tal colisión potencial, como velocidad de impacto y la dirección, y permite incluso hacer estimaciones del resultado de la misma, como pueden ser el número y vector velocidad de los restos del impacto (Pardini & Anselmo, 2011; Zhang y otros, 2013).

Para meteoritos y pequeñas partículas de desechos espaciales, cuyo tamaño impide que puedan ser rastreados, la evaluación del riesgo descansa en modelos estadísticos del flujo de tales partículas.

2.2. Meteoritos

Los meteoritos son cuerpos sólidos, con una densidad media de $5000\,\mathrm{kg/m^3}$, que viajan por el espacio interplanetario con velocidades de 20 km/s o mayores, y cuya masa y tamaño varían en un intervalo que cubre varios órdenes de magnitud, como se puede apreciar en la figura 2.1. En la figura 2.1 se muestra (en escala logarítmica), la relación entre la masa de las partículas m, y el flujo acumulado en un año de meteoritos con masa superior a m que caen sobre la Tierra. Una estimación sobre la masa debida a polvo interplanetario, meteoritos y fragmentos de asteroides y cometas que recoge la Tierra anualmente se sitúa en torno a unos 20000 kg.

Estos pequeños cuerpos celestes, cuya concentración aumenta en las proximidades de grandes masas gravitatorias como la Tierra, son naturalmente un peligro para cualquier vehículo espacial, aunque posiblemente no tan grande como se imagina. La población de meteoritos es tanto menor cuanto mayor es su tamaño, de modo que la gran mayoría son extremadamente pequeños, *micrometeoritos*, bastando un lámina de aluminio de 0.5 mm de espesor para detener partículas de hasta 1 μm. En muchas aplicaciones la estructura exterior de la nave, el aislante térmico, etc., son suficientes para la protección contra las partículas con alguna probabilidad de impacto, aunque para misiones largas o para entornos más severos se puede necesitar algún tipo de protección especial (véase 2.7). Por ejemplo, los impactos de meteoritos en los tanques presurizados son totalmente indeseables pues aunque la penetración sea muy pequeña generan concentraciones de esfuerzos que podrían dar lugar a su vez a fallos estructurales; este problema se puede solucionar colocando mantas térmicas exteriores hechas con tejidos de teflón (Griffin & French 1991).

Los meteoritos se mueven en órbitas alrededor del Sol. Si su tamaño es superior a unos pocos micrómetros, y debido a sus elevadas velocidades entrañan diferentes tipos de peligro según sea su tamaño. Así, si este tamaño está en el intervalo de 0.01 a 0.1 micrómetros el daño se limita a la degradación de las superficies exteriores de las naves espaciales. El impacto

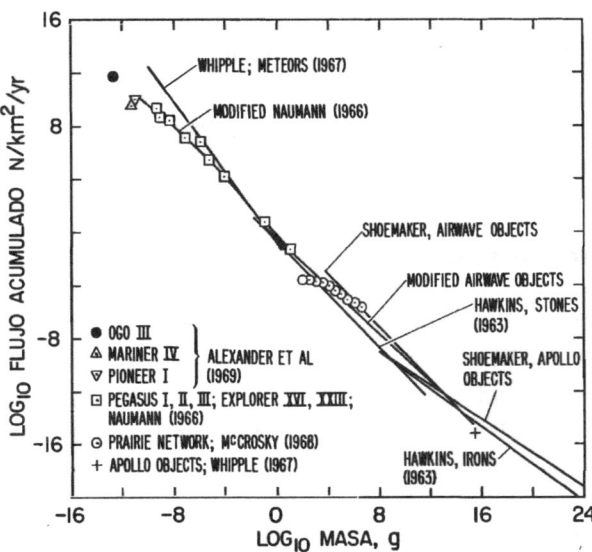

Figura 2.1: Relación entre la masa de los meteoritos, m, y el flujo acumulado en un año de meteoritos con masa superior a m que caen sobre la Tierra; adaptada de Anderson (1983), y Liou y otros (2005).

de un meteorito de más de un micrómetro puede causar perforaciones, y por encima, entre 1 y 10 micrómetros se puede producir lo que se conoce como descarga de plasma por meteoritos (Landgraf y otros, 2004).

2.2.1. Degradación de las superficies

La degradación de las superficies de los vehículos espaciales se produce cuando el impacto de los meteoritos de muy pequeño tamaño generan micro-cráteres que sin llegar a perforar las superficies cambian sus propiedades ópticas y térmicas. El diámetro de la partícula que impacta, d, se puede deducir del diámetro del cráter producido, D, si se supone conocida la velocidad de impacto, U. De acuerdo con mediciones realizadas en laboratorio, se ha propuesto (Landgraf y otros, 2004) la relación empírica:

$$D = d(C_1 U + C_2), \tag{2.1}$$

donde U está expresado en km/s, y C_1 y C_2 son constantes conocidas: $C_1 = 0.38$ s/km, y $C2 = 0.2$.

Mientras que un único cráter de dimensiones sub-milimétricas no parece un peligro serio que vaya a cambiar las propiedades de la superficie afectada, la exposición a largo plazo de esa superficie, al aumentar considerablemente el número de impactos, sí que puede dar lugar a una degradación de sus propiedades térmicas y ópticas.

2.2.2. Perforaciones

Si un meteorito que impacta contra la superficie es más grande, y es también suficientemente rápido, puede llegar a perforar la pared sobre la que impacta. Si esta superficie fuera la de un recipiente presurizado daría lugar a una pérdida más o menos lenta de presión, o incluso a un fallo catastrófico del recipiente.

Una medida del riesgo de perforación por un meteorito es la profundidad, p, que un meteorito con diámetro, d, y velocidad de impacto, U, puede penetrar en un material dado. Una relación empírica entre estas cantidades, obtenida de campañas experimentales (Landgraf y otros, 2004) sobre el tema es:

$$\frac{p}{d} = \left(\frac{d}{d_0}\right)^{-1/8} \left(\frac{\rho}{\rho_m}\right)^{1/2} \left(\frac{U}{c}\right)^{2/3}, \tag{2.2}$$

donde ρ es la densidad del meteorito penetrante, ρ_m es la densidad del material impactado, c es la velocidad del sonido en dicho material y d_0 una constante de valor $d_0 = 9.81\,\mathrm{m}$, si d está expresado en metros.

La dependencia con la velocidad del meteorito de la profundidad de penetración es pequeña, pero sí es acusada la dependencia con la masa, de modo que se puede concluir que el riesgo de penetración depende principalmente del tamaño de los meteoritos (tamaños con el mismo orden de magnitud que el espesor de la pared impactada).

Con el fin de proteger a las naves espaciales de meteoritos cuyos tamaños son más grandes que el espesor de las paredes, se pueden utilizar escudos de Whipple, que consisten en una serie de superficies separadas unas de otras (figura 2.2). La experimentación con escudos de este tipo muestra que en el proceso de impacto, a medida que la pared exterior es perforada, se crean pequeños fragmentos que se distribuyen en una superficie total mucho más grande y, por lo tanto, son más fáciles de detener en las capas posteriores

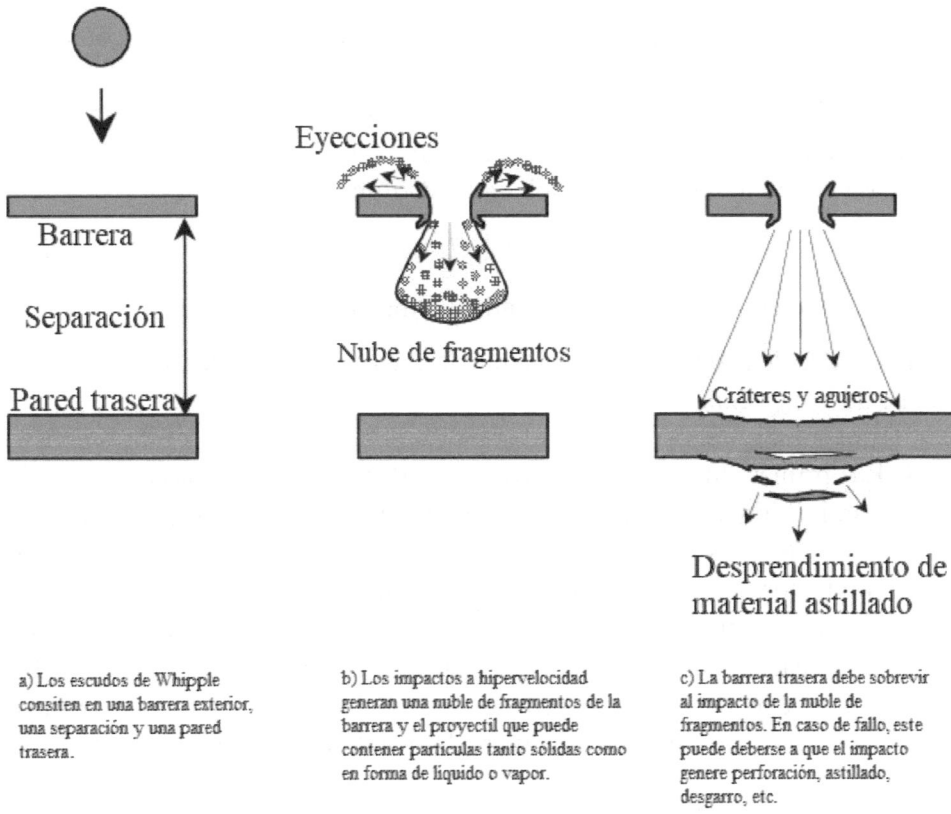

a) Los escudos de Whipple consiten en una barrera exterior, una separación y una pared trasera.

b) Los impactos a hipervelocidad generan una nuble de fragmentos de la barrera y el proyectil que puede contener partículas tanto sólidas como en forma de líquido o vapor.

c) La barrera trasera debe sobrevir al impacto de la nuble de fragmentos. En caso de fallo, este puede deberse a que el impacto genere perforación, astillado, desgarro, etc.

Figura 2.2: Esquema del funcionamiento de los escudos de Whipple, cuya configuración más simple consiste en dos superficies metálicas separadas una cierta distancia; cuando una partícula sólida impacta contra la superficie exterior se produce una cierta eyección de material hacia el exterior, mientras que a consecuencia del impacto aparece una nube de pequeñas partículas sólidas que se propagan por el espacio intermedio, y como la energía de estas partículas es menor, los daños en la superficie interior resultan ser menores; adaptada de Christiansen (2003) .

del escudo. Por supuesto existen variantes de este sistema de protección cuya descripción queda fuera del alcance de estas páginas, y para una información más detallada se recomienda consultar Christiansen (2003).

2.2.3. Descargas de plasma

Otro peligro de meteoritos para las naves espaciales es la creación de una nube de plasma en el impacto, aunque este fenómeno no está muy bien documentado. El plasma se nutre de material del meteorito, así como del material de la superficie impactada. Este fenómeno ha sido estudiado en laboratorio y se suele usar rutinariamente para detectar partículas sólidas en el espacio. La carga total de iones, Q, que se crea por el impacto de un meteorito con masa m que incide con una velocidad de impacto U es:

$$Q = C_4 m U^{3.5},\tag{2.3}$$

donde C_4 es una constante que depende del material impactado.

Esta nube de plasma, localizada, puede causar dos tipos de modos de fallo de una nave espacial.

- En primer lugar, si la nave está desigualmente cargada por la iluminación diferenciada de diferentes partes de la nave espacial a causa de los fotones ultravioletas solares, el plasma puede actuar como un conductor y crear una corriente entre las partes con diferente carga, causando perturbaciones o incluso la destrucción de la electrónica embarcada (por ejemplo, una corriente excesiva en el ordenador principal podría incluso provocar el final de la vida útil de la nave espacial, como se especula que pudo ocurrir con el satélite Olympus).

- El otro problema potencial es el cortocircuito de los instrumentos que funcionan en alta tensión, y aunque estos instrumentos se utilizan básicamente en la cargas útiles, y normalmente no son esenciales para el funcionamiento de la nave espacial, un fallo de un instrumento puede disminuir muy notablemente el valor de una misión. Normalmente los instrumentos de alta tensión se utilizan para detectar partículas cargadas, de modo que la densidad relativamente alta de iones en la nube de plasma de impacto, puede crear una corriente excesiva en el instrumento, que a su vez puede conducir a una destrucción de los electrodos o de los amplificadores electrónicos.

Como consecuencia de la fuerte dependencia de la carga de iones de la velocidad de impacto, se tiene que los meteoritos especialmente rápidos son potencialmente los más peligrosos. La dependencia con la masa es mucho más débil, por lo que incluso pequeños meteoritos que se desplacen a velocidades elevadas pueden causar daños considerables, y como éstos son mucho más numerosos, el mayor riesgo de una descarga de plasma reside principalmente en esta población de pequeños meteoritos.

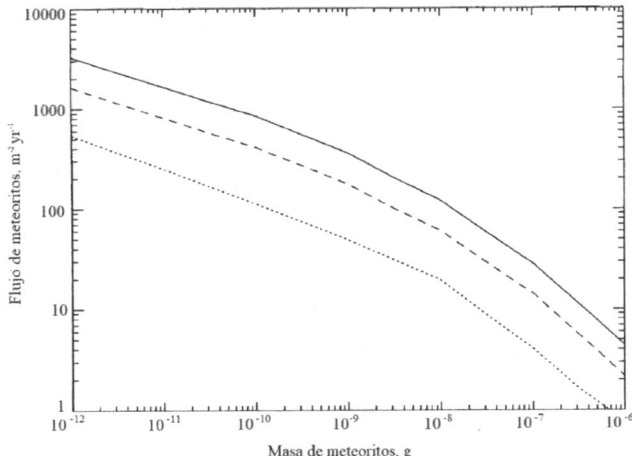

Figura 2.3: Distribución de flujo de masa acumulada (impactos por unidad de superficie y año) de meteoritos interplanetarios para tres misiones diferentes. La linea continua muestra la distribución para una nave espacial en una órbita similar a la de la Estación Espacial Internacional, la línea discontinua corresponde a una nave espacial en órbita geoestacionaria, y la línea de puntos se refiere a una misión interplanetaria, similar a la trayectoria de la nave espacial Rosetta de la Agencia Europea del Espacio; adaptada de Landgraf y otros (2004).

Con el fin de evaluar los riesgos de impacto para las diferentes misiones, se ha de tener en cuenta la distribución de flujo de masa de meteoritos en los entornos asociados. En la figura 2.3 se muestran los resultados para una nave espacial en órbita terrestre baja, similar a la órbita de la Estación Espacial Internacional, para una nave espacial en órbita geoestacionaria y para una nave espacial en el espacio interplanetario, similar a la trayectoria de la misión Rosetta hacia el cometa Churyumov-Gerasimenko (Landgraf y otros, 2004). En los tres casos la forma de las curvas de distribución de flujo de masa es similar, pero el flujo absoluto, sin embargo, difiere debido a las diferentes distancias geocéntricas de las misiones, de modo que el flujo es mayor donde más efecto tiene el campo gravitatorio de la Tierra.

Como se sabe, los meteoritos son partículas de origen natural que provienen principalmente de asteroides y cometas. Lo que se conoce como lluvias o corrientes de meteoritos son acumulaciones de meteoritos con órbitas heliocéntricas casi idénticas que tienen su origen principalmente en los restos de colas cometarias. Todas las partículas de una lluvia de meteoritos dada tienen, en relación con la Tierra, direcciones de impacto y velocidades casi idénticas. Las lluvias de meteoritos suelen durar desde unas pocas horas hasta varios días, y se presentan con regularidad a lo largo del año, por lo que son conocidas con nombres propios desde la antigüedad. En el anexo C de ECSS-E-ST-10-04C Rev.1, (2020) se presenta una larga lista con los datos característicos de algunas de las lluvias de meteoritos más importantes, cuyas velocidades con relación a la Tierra oscilan entre 18 km/s y 71 km/s.

Los meteoritos que no forman parte de las lluvias señaladas se conocen como meteoritos esporádicos. Su flujo es bastante constante a lo largo del año, y no sigue ningún patrón reconocible con respecto a la dirección incidente o a la velocidad. El flujo integrado anual de las lluvias de meteoritos viene a ser alrededor del 10 % del flujo de meteoritos esporádicos.

Debido a la precesión de la órbita de los satélites y a la inclinación del plano ecuatorial de la Tierra respecto al plano de la eclíptica, en las aplicaciones de diseño está justificado suponer que el entorno de meteoritos es omnidireccional con relación a la Tierra, pero esta situación es distinta cuando se considera con respecto a un vehículo en órbita, pues en un sistema de referencia ligado al vehículo la mayoría de los meteoritos inciden en la dirección del movimiento de la nave, consecuencia de la suma vectorial de la velocidad del vehículo espacial y de las distribuciones de velocidades de los meteoritos. También hay que considerar cierto factor de direccionalidad introducido por el efecto de apantallamiento de la Tierra, o de otros planetas si se está cerca de alguno de estos últimos.

Cuando, para una misión espacial determinada, sea preciso hacer una evaluación de los riesgos de impacto, para esta evaluación se han de considerar tanto los meteoritos como los desechos espaciales, teniendo en cuenta las distribuciones de dirección y velocidad de los desechos espaciales y de los flujos de meteoritos, según se detalla en la normativa correspondiente (ECSS-E-ST-10- 04C Rev.1, 2020), donde se presentan los modelos estadísticos de flujo recomendados. En particular existe el programa llamado MASTER desarrollado por la ESA que tiene una parte dedicada al tratamiento del impacto con meteoritos, con masas comprendidas entre 10 g y 100 g, cuando se consideran altitudes por debajo de la órbita geoestacionaria.

En la última publicación, ECSS-E-ST-10-04C Rev.1 (2020), se presenta también otro modelo distinto para la misma zona del espacio, así como modelos de flujos de meteoritos aplicables a órbitas comprendidas entre las órbitas de Venus y Marte.

En la figura 2.4 se han representado las distribuciones normalizadas de velocidades de meteoritos a la distancia de una unidad astronómica del Sol según la información presentada en el Anexo C de ECSS-E-ST-10-04C Rev.1 (2020) y según Kessler & Zook (1994), cuya distribución normalizada responde a la expresión:

$$\left.\begin{array}{ll} n(U) = 0.112 & 11.1\,\text{km/s} \leq U < 16.3\,\text{km/s} \\[2mm] n(U) = 3.328 \times 10^5 U^{-5.34}, & 16.3\,\text{km/s} \leq U < 55\,\text{km/s} \\[2mm] n(U) = 1.695 \times 10^{-4}, & 55\,\text{km/s} \leq U \leq 72.2\,\text{km/s} \end{array}\right\}, \qquad (2.4)$$

donde $n(U)$ es el número de partículas con velocidad U [km/s].

Además, en ECSS-E-ST-10-04C Rev.1 (2020), capítulo 10, se explican de forma detallada los pasos del procedimiento a seguir para evaluar los riesgos de impacto en el entorno de la Tierra, Marte, Venus y la Luna.

2.3. Desechos espaciales

A ciertas altitudes el mayor riesgo de impacto no es con meteoritos de origen natural sino con ingenios espaciales o partes de los mismos producidos en la Tierra que se han ido acumulando en las proximidades del planeta tras más de cinco décadas de operaciones espaciales. Las diferentes agencias espaciales mantienen y actualizan catálogos de objetos en órbita cuyo seguimiento se efectúa mediante redes de instalaciones de radar y de observación óptica distribuidas por todo el planeta (véase la sección 2.5). En la figura 2.5 se muestra la distribución estadística de los restos espaciales en los diferentes tipos de órbitas, y en la figura 2.6 se ha representado la variación temporal del número de objetos artificiales en órbita alrededor de la Tierra. Estos restos espaciales son de origen muy diverso: cascarilla erosionada de las toberas de los motores cohete, cubiertas protectoras de instrumentos, tuercas, arandelas, terceras etapas de lanzadores, vehículos en servicio o inactivos, fragmentos resultado de test antisatélite y un largo etcétera.

Así pues, los desechos espaciales son objetos artificiales no controlados que tienen su origen en las actividades espaciales de los humanos, y su

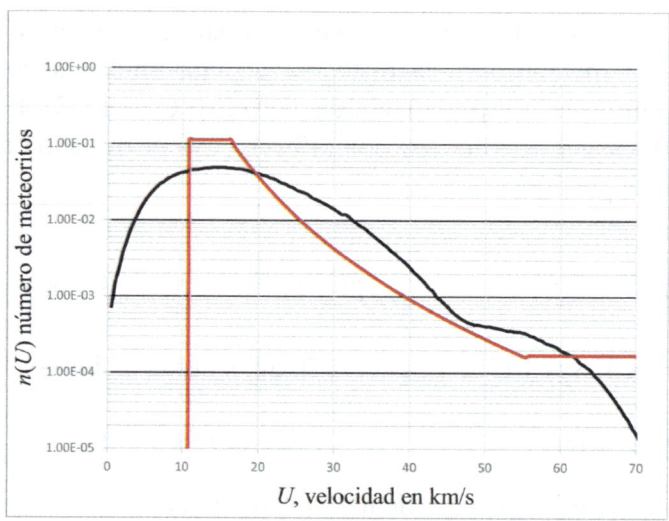

Figura 2.4: Distribuciones normalizadas de velocidades de meteoritos a la distancia de una unidad astronómica del Sol: variación con la velocidad, U, del número de meteoritos con esa velocidad, $n(U)$; los datos de la curva negra son de ECSS-E-ST-10-04C Rev.1 (2020), y los de la curva roja corresponden a la expresión (2.4), de Kessler & Zook (1994).

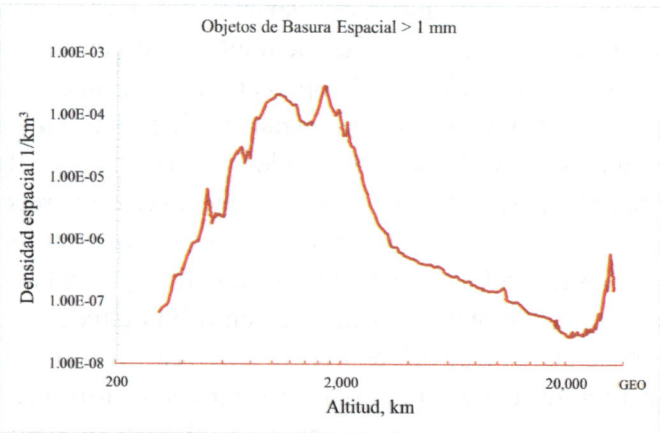

Figura 2.5: Distribución estadística de los restos espaciales alrededor de la Tierra; adaptada de Bobrinski & Del Monte (2009).

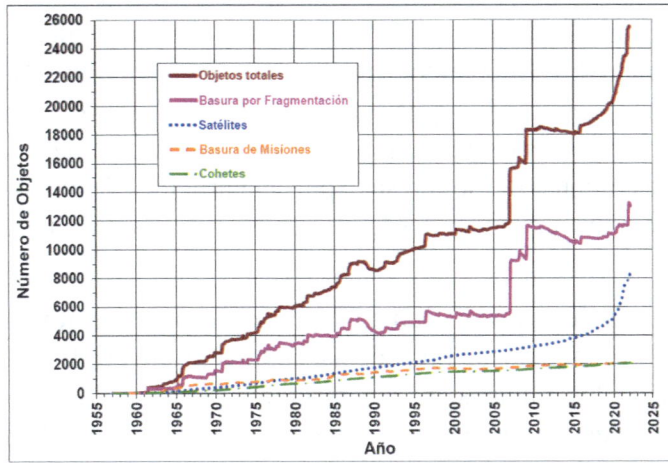

Figura 2.6: Variación con el tiempo del número de objetos en órbita alrededor de la Tierra; NASA; adaptada de Cowardin (2022).

número tiende a aumentar de modo incesante conforme avanza el tiempo. A principios de 2022 solo el 20 % de los objetos catalogados en órbita eran naves espaciales en funcionamiento, otro 7 % se podría asignar a satélites fuera de servicio, mientras que el porcentaje restante serían etapas superiores de lanzadores, y otros objetos relacionados con las misiones espaciales (adaptadores con el lanzador, tapaderas para las lentes, etc.), además de los más de 600 eventos de fragmentaciones ocurridas órbita desde 1961, que cubren desde colisiones (en unos pocos casos), explosiones de naves espaciales o etapas superiores y varios test de misiles antisatélite.

La población total de objetos con tamaños característicos superiores a 1 cm es superior al millón. Es poco esperable que la situación mejore en un futuro próximo, y es muy probable que debido a perturbaciones seculares, la variación del plano orbital de estos restos espaciales fuera de control dé lugar a ángulos de intersección muy grandes con posibilidad de altas velocidades de colisión.

Antiguamente, la principal fuente de los desechos espaciales tenía su origen en el combustible de reserva que queda dentro de los tanques presurizados, una vez que la correspondiente etapa del cohete ha cumplido su misión. Con el tiempo, y con el extremadamente duro entorno del espacio, la integridad mecánica de los tanques de combustible falla, los tanques empiezan a tener fugas, produciéndose repentinos cambios de presión, acompañados incluso de explosiones de muy alta energía, que producen numerosos fragmentos que permanecen en órbita, algunos casi indefinidamente, generando contaminación adicional. Pero hay otras fuentes de partículas sólidas en órbita, por ejemplo, en la ignición de los motores de los cohetes de combustible sólido se expulsan partículas de óxido de aluminio (Al_2O_3) con tamaños que van desde micrómetros hasta milímetros, e incluso centímetros.

Una segunda fuente importante de restos espaciales tuvo lugar en la década de 1980, cuando al final de la operación en órbita, se procedió a la expulsión de los núcleos de los reactores de los RORSATs soviéticos (*Radar Ocean Reconnaissance Satellites*), lo que liberó en el espacio gotas del refrigerante del reactor (aleación de sodio y potasio, NaK). Otra fuente histórica de contaminación espacial fue la liberación de delgados cables de cobre como parte de un experimento de comunicación por radio durante las misiones MIDAS en la década de 1960.

En tiempos recientes, entre los sucesos que han producido mayor número de objetos en órbita destacan tres.

- Una colisión, la del satélite Iridium 33 con el Cosmos 2251 en 2009, con más de 1000 objetos resultantes catalogados.

- Dos test antisatélite (*Anti-Satellite Test*, ASAT).

  El primero de ellos fue el test chino antisatélite de 2007, hasta la fecha sigue siento el suceso que más objetos trazables de basura espacial ha generado de toda la historia. Este test fue realizado a 865 km de altura, impactando un misil contra el satélite chino FY-1C (*FengYun*). A fecha de 2022 más de 2.000 objetos de los que son seguidos de manera habitual por los controles de basura espacial tienen como origen este suceso pero se calcula que el número de partículas generadas puede superar las 150.000. La elevada altitud a la que se realizó el test hace que la mayoría de los objetos generados sobrevivirán durante décadas, si no siglos, en órbita. Menos de la quinta parte de los objetos mayores de 10 cm han decaído en la actualidad, y la NASA calcula que en 2035 aún permanecerán en órbita más del 30 % de los objetos generados.

  El segundo test antisatélite que ha generado una gran cantidad de residuos en fechas recientes fue el test ruso de 2021, contra el satélite Cosmos 1408, ya inoperativo en ese momento. Un misil A-235 Nudol impactó contra el satélite a unos 490 km de altitud, generando más de 1500 objetos de basura espacial trazables desde tierra. Se cree que la menor velocidad del misil ocasionó que el número de objetos fuera menor, y su tamaño mayor, que en el caso del test chino. Por otro lado, la menor altitud del test hace que el número de objetos en órbita decaiga mucho más rápidamente. La NASA calcula que en torno al 40 % de los objetos mayores de 10 cm ya habrán decaído al cabo de un año, y menos de un 10 % de los mismos seguirá en órbita tras 5 años (NASA: Cowardin 2022).

Por último, hay que tener en cuenta que en las condiciones extremadamente adversas del espacio (radiación ultravioleta extrema, oxígeno atómico e impactos de micro partículas), las superficies de los objetos espaciales se erosionan, lo que da lugar a pérdidas de masa de los revestimientos superficiales de los satélites, generando partículas cuyos tamaños varían desde micrómetros hasta milímetros.

En particular existe, como se ha mencionado, el programa llamado MASTER, que tiene una parte dedicada al tratamiento del impacto con desechos espaciales, con un intervalo de aplicación válido para altitudes inferiores a unos 37000 km, debiéndose considerar partículas sólidas con tamaños característicos comprendidos entre un micrómetro y 100 metros, con una densidad media de 2800 kg/m^3, para cuerpos de tamaño superior a 1 milímetro, y suponiendo además para los cálculos que los cuerpos tienen forma esférica.

Para altitudes superiores a la citada, y para todas las demás órbitas planetarias o interplanetarias no se considera necesario tener en cuenta el posible efecto de los desechos espaciales.

Al principio de la carrera espacial estas consideraciones hubieran sonado, sin duda, como injustificadas y poco dignas de atención, pues la disponibilidad del espacio parecía entonces inagotable. Aunque esta percepción del espacio como un medio ilimitado y prácticamente vacío sigue siendo cierta en gran medida, no lo es en el caso de las órbitas bajas, donde ya existe cierta congestión de tráfico causada por cientos de miles de partículas moviéndose a velocidades de 8 a 10 km/s. La densidad de restos espaciales es más preocupante a alturas medias, alcanzándose las peores condiciones entre 600 km y 1000 km, como se ilustra en la figura 2.5. Como

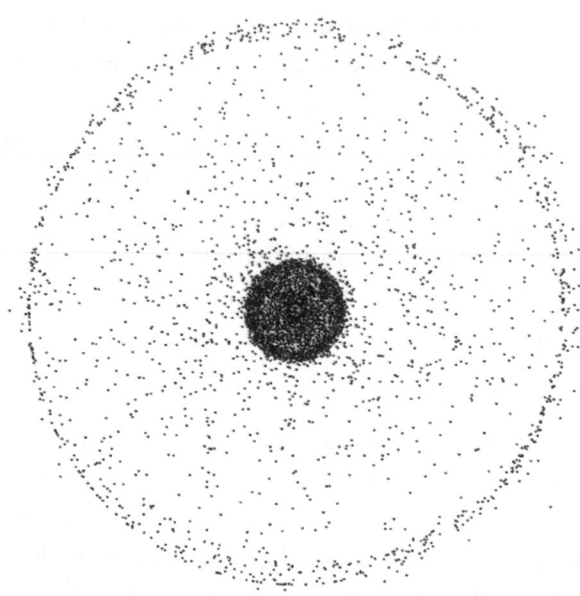

Figura 2.7: Para dar una idea de la concentración de objetos en el espacio, es frecuente el uso de esquemas como el de la figura, relativo a la población de satélites lejos de la Tierra, donde se aprecia la concentración existente en órbita geoestacionaria (adaptada de NASA ODPO).

se puede apreciar en el gráfico existe una alta concentración de satélites en altitudes bajas, y se prevé que conforme pase el tiempo la saturación sea todavía mayor. Por debajo de 200 km de altitud la concentración decrece rápidamente pues la resistencia atmosférica favorece que las partículas sigan órbitas espirales, entrando en la atmósfera, y por encima de los 1000 km el flujo de partículas disminuye por dos razones, primero porque el volumen de espacio es mayor y segundo porque en esas órbitas las operaciones están muy limitadas. Aunque las órbitas geoestacionarias están ya bastante saturadas (figura 2.7), el problema de los restos espaciales aún no ha alcanzado allí la magnitud que tiene en las órbitas bajas (figura 2.8). Esto se debe en parte a que las etapas potencialmente explosivas de los lanzadores, que han contribuido notablemente a la basura espacial existente a bajas altitudes, no llegan hasta las de las órbitas geoestacionarias. Para minimizar los restos espaciales a esta altitud es práctica común alejar a los satélites de esta zona cuando quedan fuera de servicio, bien por avería o por finalizar su vida activa, llevándolos a una órbita todavía más alejada.

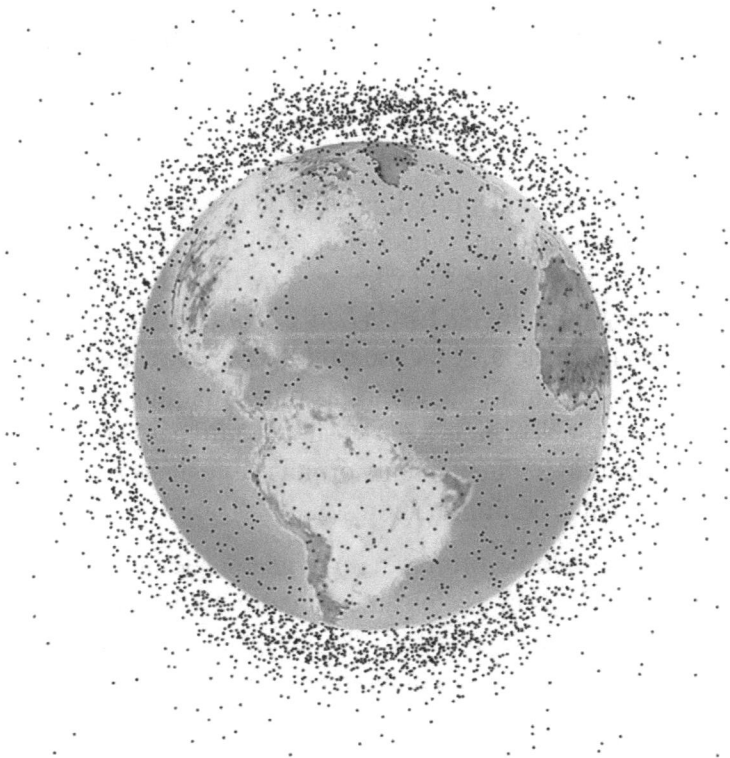

Figura 2.8: Instantánea clásica del enjambre de objetos orbitando alrededor de la Tierra, en órbitas bajas. Aunque el dibujo es apropiado para poner de manifiesto la magnitud del problema de los restos espaciales, se ha de tener en cuenta que las escalas distan mucho de ser las reales, pues teniendo en cuenta la escala empleada para dibujar el planeta, un punto representa un cuerpo en órbita con dimensiones de kilómetros (adaptada de NASA ODPO).

En consecuencia con lo dicho, teniendo en cuenta que en las proximidades de la Tierra el nivel de basura espacial producida por la humanidad excede, en algunas altitudes de modo desproporcionado, al nivel de meteoritos de origen natural, el problema de los restos espaciales empieza a ser preocupante a ciertas altitudes, por lo que se han emprendido acciones para conocer y modelar el fenómeno, así como para poner coto al crecimiento de la masa descontrolada en órbita (sección 2.11).

2.4.   Seguimiento de vehículos espaciales en LEO

Las actividades espaciales próximas a la Tierra se concentran principalmente en tres regiones diferenciadas según la altitud. La región más próxima a la superficie de la Tierra, que se extiende entre 200 km y unos 2000 km, es conocida con las siglas en inglés LEO (*Low Earth Orbits*), y su característica más relevante, consecuencia de la proximidad, es la relativa facilidad para colocar grandes masas en órbita, como las que se requieren en las misiones espaciales tripuladas. Las órbitas LEO se suelen emplear para las misiones de observación, utilizando frecuentemente órbitas heliosíncronas que garantizan condiciones recurrentes de iluminación solar.

El siguiente intervalo de órbitas se extiende desde la zona LEO hasta la región geoestacionaria, órbitas típicamente entre 10000 km y 20000 km de altitud, que se usan para las misiones de navegación y comunicaciones (en esta zona intermedia están los satélites del sistema de posicionamiento global, o GPS, *Global Positioning System*).

Más lejos, a unos 36000 km de altitud está lo que se conoce como arco geoestacionario, GEO, de capital importancia para la industria de las telecomunicaciones y para la meteorología.

La cantidad de vehículos espaciales que se mueven en órbitas GEO y LEO se ha convertido en una característica importante del medio ambiente espacial, por cuanto cada objeto en órbita es una causa potencial de riesgo para los otros, sobre todo en órbitas bajas. Esto queda de manifiesto en la figura 2.9, donde se representa el número de conjunciones esperables en diferentes regiones orbitales y distinguiendo el tipo de objeto secundario. Una conjunción orbital es una aproximación entre dos objetos, independientemente de su situación de actividad y sin contar maniobras de evasión. Nótese que en determinadas órbitas se ha elevado el riesgo de colisión en órbitas LEO con objetos catalogados debido a las nuevas constelaciones y los pequeños satélites. Aunque el riesgo no está tanto en los objetos en órbita catalogados, que se sabe dónde están, sino en los no catalogados, que son muchísimos más.

Como regla general, cuanto más alta por encima de la atmósfera de la Tierra esté la órbita de un satélite, más tiempo se mantendrá en órbita. Un

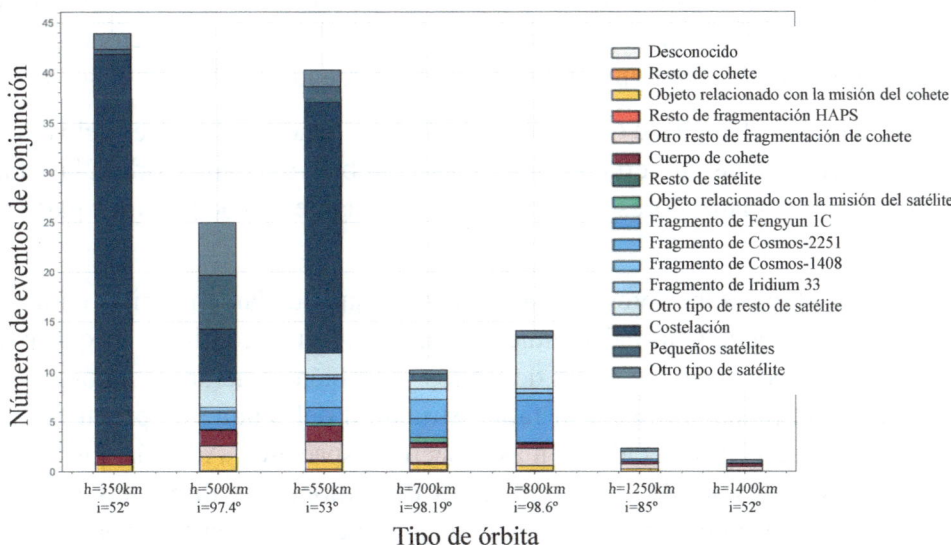

Figura 2.9: Eventos de conjunción y clasificación de objeto secundario correspondiente, para un conjunto de misiones representativas en 2021; ESA: Adaptada de Lemmens (2022).

vehículo en órbita geoestacionaria tardará millones de años en reentrar en la atmósfera de la Tierra, mientras que aquellos que se mueven en órbitas LEO, debido a la fricción con las capas residuales de la atmósfera que se extienden hasta altitudes considerables, tardarán tiempos mucho más cortos, entre años y siglos. Por ejemplo, el primer satélite artificial, el Sputnik 1 de la Unión Soviética, inicialmente a una altitud media de unos 690 km (aunque en una órbita muy poco circular, con un apogeo de casi 940 km y un perigeo de 215 km), estuvo menos de tres meses orbitando alrededor de la Tierra, sin duda en razón de su apogeo, muy próximo a la superficie terrestre (por debajo de los 300 km de altitud la resistencia aerodinámica es un efecto importante), mientras que el UPM Sat-1, en órbita circular heliosíncrona de 670 km de altitud, tardará del orden de un siglo en quemarse al reentrar en la atmósfera.

De los aproximadamente 13630 objetos artificiales puestos en órbita alrededor del planeta Tierra en las últimas seis décadas, permanecen en vuelo alrededor de 8850. Sin embargo, las zonas orbitales de la Tierra más empleadas por los seres humanos son tan grandes que 8850 objetos en órbita no constituirían un problema de hacinamiento si esta cantidad permaneciera constante. Pero incluso aunque no se pusieran nuevos vehículos espaciales en órbita, los objetos inyectados en el espacio rara vez permanecen inalterados, manteniendo las configuraciones que tenían cuando estaban en el suelo.

Durante el vuelo se desprenden de forma intencionada partes del vehículo (es el caso de las cubiertas de las lentes), también quedan en órbita las etapas finales de los lanzadores, tuercas, tornillos, fragmentos de pintura y partículas de aluminio.

Las etapas superiores de los lanzadores que quedan en órbitas en las que se vean sometidas al calentamiento solar de forma continua, lo que puede generar sobrepresiones en los depósitos y también acelerar los fenómenos de corrosión, pudiendo llegar al fallo estructural del tanque de propulsante, lo que acarrea la producción de más desechos espaciales. Además, los motores de los cohetes sólidos expulsan miles de millones de diminutas partículas de óxido de aluminio, por no hablar de aquellos vehículos espaciales que intencionadamente o no han sufrido explosiones en el espacio, generando una infinitud de cuerpos, muchos de dimensiones muy pequeñas, que permanecen en órbita durante mucho tiempo.

A la vista del panorama descrito, se entiende que sea una necesidad para las actividades espaciales conocer, localizar y con el tiempo controlar y limitar la población de cuerpos, activos o no, orbitando alrededor de la Tierra, a fin de poder asegurar la integridad de los vehículos espaciales futuros. Para tal fin se han generado servicios de vigilancia espacial con la finalidad de determinar las efemérides de los cuerpos en órbita, detección que se realiza desde instalaciones ubicadas en la superficie terrestre utilizando técnicas ópticas o de radar. Ciertamente existe un tamaño mínimo detectable, de manera que solo se sabe dónde están, y dónde estarán por tanto, aquellos cuerpos que tengan una sección lo suficientemente grande para ser rastreados con los medios al uso.

Actualmente, las redes de vigilancia espacial (*Space Surveillance Networks,* SSN) tiene catalogados, y realiza el seguimiento de más de 32000 objetos con tamaños característicos superiores a unos 10 cm de diámetro (ESA 2022). De entre estos, por desgracia, las naves espaciales activas son solo un pequeño porcentaje de la población (en torno al 20 %), y el resto de la población son cuerpos inactivos en órbita, que constituyen lo que se conoce como *desechos orbitales* o *basura espacial*, que consiste en terceras etapas de cohetes lanzadores, satélites y cargas no operativos, partes y piezas

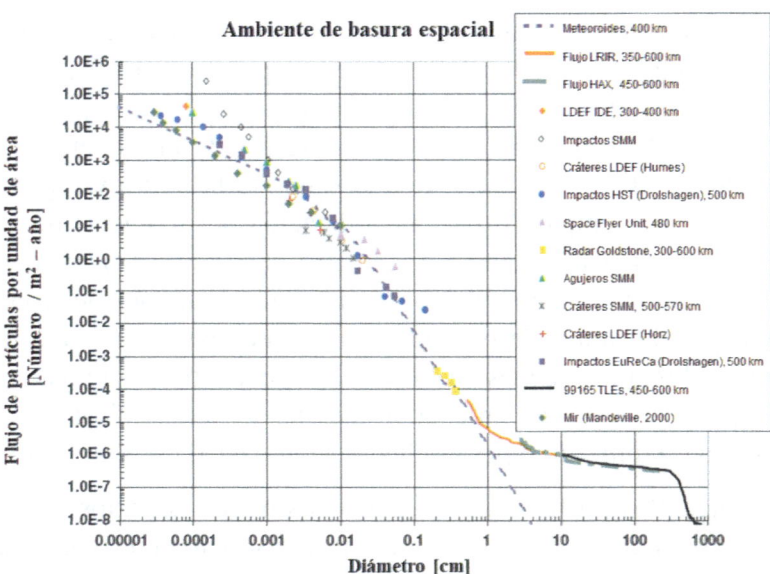

Figura 2.10: Flujo anual de partículas de un diametro característico (y mayor) por unidad de área; adaptada de Schildknecht (2007).

de los lanzamientos de satélites, y fragmentos generados en las rupturas de satélites. Junto a los cuerpos que en razón de su tamaño pueden ser objeto de seguimiento, existe una infinidad de cuerpos más pequeños, cuyo número crece muy rápidamente con la disminución del tamaño (figura 2.10). La NASA ha utilizado Haystack/ LRIR (*Long Range Imaging Radar*) para muestrear estadísticamente la población de objetos en órbita de tamaños más pequeños. A partir de las estimaciones derivadas de estas observaciones de radar, se estima que hay más de un millón de desechos orbitales con tamaños comprendidos entre 1 y 10 cm de diámetro.

Conforme crece la población de desechos orbitales, también lo hace el riesgo de una colisión entre un pedazo de basura espacial y otro objeto en órbita. El daño causado por una colisión de esta naturaleza es función directa de la velocidad y de la masa de la partícula que impacta, pudiendo tener efectos mínimos si lo es su masa, hasta efectos devastadores, tanto más cuanto mayor sea la masa. Piénsese que las velocidades de los vehículos en órbita terrestre, tanto mayores cuanto menor es la altitud de la órbita, están en unos 10 km/s en órbita LEO (UPM Sat-1, a 670 km de altitud, se desplaza a 7.5 km/s), si bien, afortunadamente, debido al gran volumen de espacio, las colisiones son poco frecuentes, aunque muy alarmantes cuando tienen lugar. Por ejemplo, el satélite francés Cerise, puesto en órbita el 7 de julio de 1965, en el vuelo 74 de Ariane 4 junto a UPM Sat-1 y Helios, tuvo, el 24 de julio de 1996, una colisión con restos de un cohete Ariane que había explotado diez años antes, lo que significó la rotura y separación del mástil desplegable empleado para estabilización por gradiente de gravedad. El fragmento de lanzador tenía un diámetro de 30 cm aproximadamente, y se originó a partir de una explosión de una etapa superior del cohete. Hay que decir que el satélite Cerise sobrevivió a la colisión, que tuvo lugar con una velocidad relativa de más de 14 km/s, y que continuó su misión después de una reprogramación del ordenador embarcado para realizar el control de actitud sin la estabilización por gradiente de gravedad (Schildknecht, 2007).

Estos ejemplos ilustran que los pequeños trozos de restos espaciales en el intervalo de tamaño de 0.1 a 100 mm puede suponer un riesgo importante para las misiones espaciales tripuladas y no tripuladas. Otro ejemplo de este tipo de acontecimientos se solía apreciar en el transbordador espacial, cuando después de la realización de su misión, retornaba frecuentemente a tierra con su parabrisas salpicado de pequeños pozos o cráteres causados por las colisiones con restos espaciales muy pequeños, de tamaño submilimétrico, y con micrometeoritos. Se debe señalar también que el 15 de diciembre de 2001 se tuvo que realizar una maniobra de evasión con la Estación Espacial Internacional (ISS), en la que empleando el transbordador espacial Endeavour se aumentó la altitud de la estación en un kilómetro, para evitar la colisión con una etapa superior de un cohete SL-8 lanzado por la entonces URSS en el año 1971 (Mehrolz y otros, 2002).

Aunque afortunadamente no ocurre con mucha frecuencia, de vez en cuando se detectan comportamientos anómalos que sugieren la ocurrencia de una colisión de un satélite con otro satélite o con un objeto más pequeño. Los indicadores primarios que permiten afirmar que se ha producido un acontecimiento de esta naturaleza son, por una parte, una modificación notable y permanente en las órbitas de los satélites implicados en la colisión y, por otra, la aparición de nuevos blancos en el sistema de detección. Si las masas relativas y los cambios de órbita son incompatibles con la conservación de la energía y de la cantidad de movimiento, habrá que inferir que se ha producido un evento a bordo, por ejemplo, una explosión. En la figura 2.11 se presenta un registro histórico de las colisiones en órbita ocurridas hasta el año 2009, y en lo que sigue se describen ejemplos de catástrofes, como la que

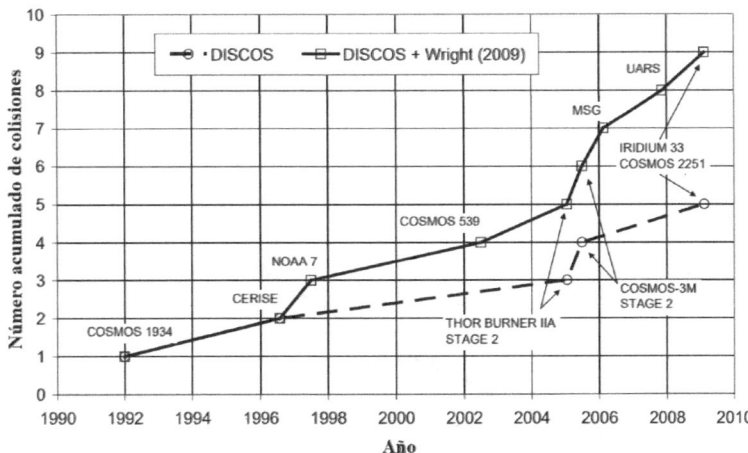

Figura 2.11: Número de colisiones, acumulado, en el periodo 1990-2009; adaptada de Lewis et al (2009) CEAS.

tuvo como protagonista al satélite NOAA 7.

En el caso de NOAA 7 se registró un primer evento anómalo en julio de 1993, produciéndose al menos dos residuos de tamaño suficiente para permitir su seguimiento, que desorbitaron aproximadamente en un año desde una altitud de 830 km. En 1997 tuvo lugar un segundo evento todavía más intrigante y singular, por el cual aparecieron simultáneamente tres nuevos desechos espaciales acompañados de una discreta disminución del período orbital de NOAA 7 (aproximadamente de un segundo). Uno de estos restos espaciales (posteriormente catalogado como Sat. No. 24.914) fue lanzado a una órbita de altitud marcadamente superior. Si a las fragmentaciones continuas se le unen los cambios de uso de las órbitas (con el crecimiento de constelaciones), el aumento del número de lanzamientos y una aún limitada eliminación de satélites tras la finalización de la misión, todo ello podría conducir a un aumento del número de colisiones en las próximas décadas y siglos. Incluso si no se realizasen más lanzamientos, los que actualmente están en órbita darían lugar a un mayor crecimiento del número de objetos en órbita como puede apreciarse en la figura 2.12.

En Johnson (2004) se presenta un buen número de accidentes en órbita, entre los que se puede destacar el sufrido por el satélite Cosmos 539, que después de casi 30 años en una órbita de 1360 kilómetros de altitud, sufrió una

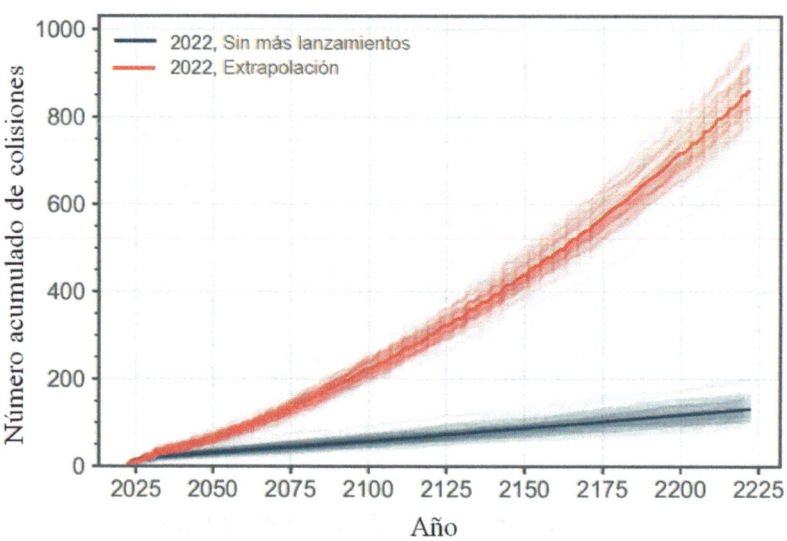

Figura 2.12: Número de colisiones acumuladas en LEO en escenarios simulados de evolución a largo plazo; adaptada de ESA; Lemmens (2022).

disminución de un segundo en su periodo orbital, al mismo tiempo que se creó un nuevo objeto con un apogeo 65 km mayor que el de la órbita de Cosmos 539, lo que corresponde a un incremento de velocidad de unos 19 m/s. A partir de su firma al radar se calculó que el tamaño de este nuevo fragmento era de entre 20 cm y 50 cm de diámetro, y re-entró en la atmósfera en tan solo 43 días, cayendo desde una órbita donde los satélites permanecen normalmente en órbita durante miles de años. La cantidad de energía necesaria para cambiar el período orbital del Cosmos 539 pudo haber sido generada del impacto con un meteorito o con un fragmento de basura orbital de solo unos pocos centímetros de diámetro.

También hay casos especiales en los que algunos satélites se convierten en productores de un número significativamente alto de residuos orbitales (entre 10 y más de 80). El primer y único reactor nuclear de EE.UU. en el espacio, llamado SNAPSHOT, fue insertado en una órbita polar a una altitud media de aproximadamente 1300 km y permaneció unido a la última etapa de su lanzador Agena. Después de más de 14 años en el espacio, la combinación SNAPSHOT/Agena comenzó a producir desechos orbitales a intervalos irregulares, de modo que en marzo de 2001, habían sido ya catalogados 50 nuevos objetos, existiendo otros 36 en seguimiento por el

SSN (*Space Surveillance Network*). La dispersión de los objetos desprendidos depende del tiempo transcurrido y el tipo de órbita, siendo común hacer un seguimiento de todos ellos y catalogarlos como nube de objetos. Entre las nubes de objetos más numerosas de los últimos años cabe destacar la del Cosmos 1408 y sus más de 1500 pedazos. El Cosmos 1408 era un satélite soviético de inteligencia electrónica lanzado en 1982 y ya inoperativo. Inicialmente estaba posicionado en una órbita de misión de 666 × 636 km de altitud con una inclinación de 82,6 grados. Pero antes de la prueba antisatélite ya había decaído a una órbita de 490 × 465 km de altitud. El resultado de la prueba antisatélite fue una destrucción catastrófica del Cosmos 1408 con la generación de más de un millar de pedazos rastreables. Al tratarse de una destrucción mediante un misil en lugar de una fragmentación del propio satélite, el resultado fue una mucho mayor dispersión de los pedazos resultantes comparada con otras fragmentaciones fortuitas de satélites. En la figura 2.13 se representan los apogeos y perigeos de Cosmos 1408 y de más de 1500 de sus restos espaciales en enero de 2022. Fenómenos de fragmentación han sido documentados para muchos otros vehículos espaciales, incluso sin contar con los test antisatélite, como es el caso del Nimbus 2, SEASAT y COBE (Johnson, 2004).

Así pues existe una evidencia sobradamente demostrada de la naturaleza degradante del medio ambiente espacial, proporcionada por el creciente número de encuentros cercanos en el espacio, lo que obliga, cuando ello es posible, a mantener una actitud vigilante en la operación de los objetos activos en órbita. Varias veces por semana, la trayectoria orbital del satélite de observación de la Tierra ERS-2 de la ESA es cuidadosamente analizada para detectar posibles encuentros próximos o colisiones con objetos catalogados. Si la probabilidad de una colisión excede una cierta tolerancia, se ejecuta una maniobra para evitar la colisión, y en este sentido ESA realizó dos de tales maniobras evasivas con la nave espacial ERS-1 en junio de 1997 y marzo de 1998 (Mehrolz y otros, 2002).

En la actualidad, el entorno de desechos espaciales muestra grandes concentraciones de objetos que cubren un amplio intervalo de tamaños en las diferentes regiones orbitales, siendo la zona más crítica la que se encuentra en altitudes orbitales de unos 800 km, con órbitas con altos valores del ángulo de inclinación (órbitas próximas a las polares). Dentro de esta zona hay muchos satélites que siguen las llamadas órbitas heliosíncronas u órbitas síncronas solares (*Sun-Synchronous Orbits*, SSO); entre ellos hay

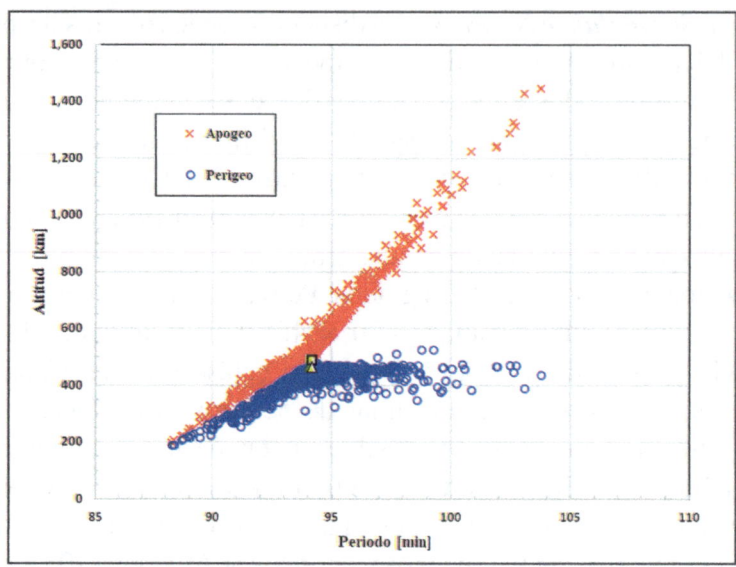

Figura 2.13: En el caso de Cosmos 1408 hay más de 1500 objetos que constituyen la llamada nube oficial de desechos espaciales (cruces para los apogeos y círculos para los perigeos) catalogados hasta 2022, desde su destrucción en noviembre de 2021, los objetos han experimentado cambios de hasta diez minutos en el periodo y un grado en inclinación. El apogeo y perigeo del satélite original en el momento de su destrucción está representado por el cuadrado y triangulo amarillo respectivamente; adaptada de NASA; Cowardin (2022).

satélites de observación, de comunicaciones, de observación de la Tierra... Debido a la geometría de este tipo de órbitas, y teniendo en cuenta las velocidades características antes señaladas, en un encuentro frontal entre dos cuerpos se tendrían velocidades relativas de unos 15 km/s dando lugar, en consecuencia, a colisiones de alta energía, necesariamente catastróficas, que conllevarían a la completa fragmentación de los objetos participantes en el evento. El siguiente escalón en esta cadena de desgracias serían las colisiones subsiguientes que pueden ser desencadenadas por los fragmentos recién generados, lo que conduciría a un aumento de la población de basura espacial en la región orbital afectada (Braun y otros, 2012).

Así pues, comprender la evolución del entorno de los desechos espaciales es esencial para la actividad espacial, pues con seguridad la especie humana continuará su aventura en el espacio, razón por la que las redes de seguimiento terrestres han dedicado y dedican un gran esfuerzo para ayudar en este objetivo. Se puede decir que sobre todo a raíz de la puesta en servicio de la Estación Espacial Internacional (ISS, *International Space Station*) se está siguiendo la evolución de más de 6000 objetos en órbitas LEO. De forma análoga se procede en el entorno de las órbitas GEO, pues también a estas altitudes existe una alta posibilidad de colisión con satélites operativos debido a los extremadamente largos tiempos de permanencia en órbita de los desechos espaciales allí generados.

2.5. Redes de seguimiento

Si bien todas las agencias espaciales dedican un cierto esfuerzo al seguimiento de objetos en órbita, sean activos o inactivos, en el caso europeo las capacidades para la detección y seguimiento de objetos espaciales fuera de servicio son todavía muy limitadas, y para satisfacer los requisitos de una operación segura de los vehículos espaciales se recurre en gran medida a la información derivada de las actividades de seguimiento que llevan a cabo organismos estadounidenses. Así, el Comando Estratégico de Estados Unidos (USSTRATCOM), es una entidad militar encargada del mantenimiento de un catálogo que incluye cerca de 9000 objetos conocidos cuyo tamaño es suficiente para facilitar el seguimiento, y en Rusia se mantiene un catálogo similar. Para ello, en lado estadounidense se emplean sensores de la denominada red de vigilancia del espacio (*Space Surveillance Network*, SSN) con los que se recopilan continuamente mediciones, que con posterioridad se combinan con los datos medidos anteriormente para determinar los parámetros de las órbitas.

Esta red se compone de un entramado mundial de estaciones de radar y telescopios ópticos, y se debe añadir que la mayoría de los sistemas de radar de este entramado son una herencia de la guerra fría, pues son parte del sistema de alerta temprana de EE.UU. para la detección de misiles balísticos intercontinentales.

Para los objetos que orbitan en altitudes más bajas, es decir, por debajo de unos pocos miles de kilómetros (LEO), se suelen utilizar radares de gran alcance, mientras que para el seguimiento de cuerpos en órbitas GEO, se suelen emplear telescopios ópticos, si bien también hay radares suficientemente potentes que pueden realizar el seguimiento de los objetos en la órbita geoestacionaria.

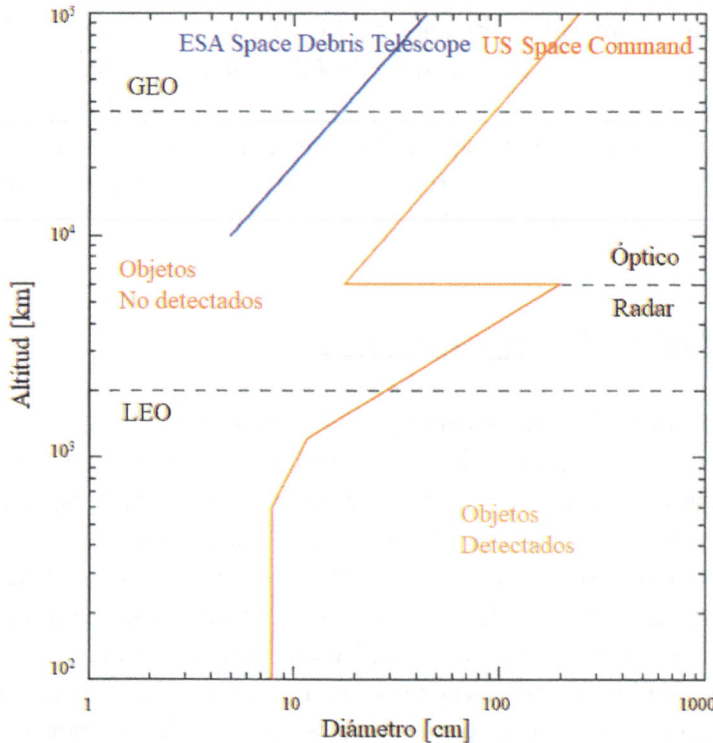

Figura 2.14: Sensibilidad de radares y sensores ópticos, tamaño detectable en función de la altitud de la órbita; adaptada de Flury y otros (2000).

El tamaño mínimo de los objetos rastreados de modo rutinario en órbitas GEO es de aproximadamente 1 m (figura 2.14), aunque hay telescopios de gran sensibilidad capaces de detectar objetos con tamaños característicos inferiores al metro. La observación óptica es un método eficiente de observar desechos espaciales a gran altitud, por ejemplo por encima de 6000 kilómetros. Por el contrario, en altitudes bajas, las observaciones ópticas son menos adecuadas porque el objeto observado debe ser iluminado por el Sol, mientras que el observador debe estar en la oscuridad. En la región de órbitas terrestres bajas (LEO), esta condición solo se puede cumplir en períodos cortos de tiempo al principio o al final de la noche.

Se debe especificar que la propiedad crítica de la población de desechos espaciales en una región determinada no es la masa total de los residuos espaciales existentes en dicha región, sino más bien el número de partículas

d [mm]	Daños
0.04	Pequeños cráteres en las ventanas
0.1	Perforación de los trajes para actividades extra-vehiculares (EVA)
0.5	Perforación de los radiadores dispuestos en el lado interior de las compuertas de la bodega de carga (utilizados para el control térmico del vehículo)
1	Daños de los bordes de ataque reforzados de las alas
5	Perforación de la cabina presurizada

Tabla 2.1: Posibles daños causados por impactos de partículas pequeñas de diámetro d en el caso de la lanzadera espacial de EE.UU. (*Space Shuttle*); de Schildknecht (2007).

en un intervalo de tamaño dado. Esto a su vez justifica los esfuerzos para investigar la población actual de los desechos pequeños y para limitar su generación en el futuro principalmente a través de la prevención de explosiones y choques. Como ejemplo, en la tabla 2.1 se presenta una estimación de daños en función del diámetro de las partículas para el caso de un vehículo orbital tripulado como el transbordador espacial.

Queda fuera del alcance de estas páginas la presentación de las instalaciones de seguimiento existentes y del estado del conocimiento respecto a las técnicas de identificación de los objetos detectados en órbita (Sato, 1999; Schildknecht, 2007; Huang y otros, 2012). Algunas de las instalaciones en uso en EE.UU. están descritas en Kessler y otros (1996), Lambour y otros (2004), Africano y otros (2004), mientras que detalles sobre las europeas, mucho más modestas en número, se pueden encontrar en Flury y otros (2000), Markkanen y otros (2005), Mehrholz y otros (2002).

2.6. Eliminación de restos espaciales

Es una realidad ampliamente reconocida que los desechos espaciales constituyen una amenaza creciente para los satélites activos, situación que ha forzado la reacción de la comunidad espacial internacional, preconizando la introducción de medidas para limitar e incluso disminuir la magnitud del problema, en el convencimiento de que, de no ser así, la contaminación del espacio se convertirá en un problema importante en las próximas décadas.

Para mejorar la situación, en Bonnal & Alby (2000) se sugieren cuatro posibles formas de actuación.

La primera de ellas es evitar colisiones entre objetos en vuelo orbital, para lo que es preciso anticipar cuando se va a producir la colisión, lo que requiere poseer la capacidad de predicción necesaria y también la capacidad de efectuar maniobras de evasión. Esta medida, en lo que a la predicción se refiere, está limitada, por desgracia, a los objetos catalogados, que significan menos del 5 % de la población peligrosa, y no todos ellos poseen la capacidad de realizar maniobras de evasión ante una posible colisión con otro objeto.

Otra medida a considerar es la protección de los satélites contra los efectos de las colisiones, añadiendo escudos y blindajes, modificando el diseño de los satélites, o introduciendo limitaciones operacionales, si bien todas estas medidas conducen a severas penalizaciones en las magnitudes operativas de los vehículos (masa, complejidad, coste, ...).

En la tercera medida se considera la eliminación de los desechos espaciales existentes, y para ello se han propuesto varios sistemas de eliminación, que actuarían bien desde tierra o bien desde el espacio, aunque en términos económicos, o por la necesidad de disponer de elementos tecnológicamente muy avanzados, no son todavía una opción que pueda ser seriamente considerada (aunque cada vez se esté más cerca).

La cuarta medida descansa en una reducción drástica del número de residuos generados en el futuro, y en este sentido se están desarrollando en la mayoría de las agencias e instituciones espaciales lo que se puede denominar como normas de mitigación de los desechos espaciales, que más tarde o más temprano serán de aplicación obligada en cualquier nuevo proyecto espacial.

Lo cierto es que es un hecho bien establecido que el número de los desechos espaciales es cada vez mayor: cada año se producen más de 100 lanzamientos que generan más de 1000 nuevos objetos catalogados, que se suman a los ya catalogados (de los cuales poco más de 6700 están activos). En la figura 2.15 se muestra la variación temporal del número de cargas de pago puestas en órbita, clasificados por tamaño y para órbitas LEO y GEO. Puede apreciarse como el número de satélites LEO ha crecido de una manera muy llamativa en los últimos años, en gran parte debido a los satélites medianos (< 1000 kg) que componen las constelaciones, y a los nanosatélites (< 10 kg). En el caso de la órbita GEO el crecimiento no es aún tan elevado, y los satélites son mayoritariamente grandes (>1000 kg). En la figura 2.16 se presenta la variación temporal del número de lanzamientos que finalizaron con éxito. En esta imagen puede además apreciarse que no solo se están produciendo más lanzamientos en los últimos años, sino que estos lanzamientos cada vez llevan un número mayor de satélites en un único cohete, lo que hace más complicado tener localizado a todos los objetos en órbita.

Además de los residuos de gran tamaño, como son los satélites no operativos, hay millones de otras partículas más pequeñas que se generan regularmente a través de las colisiones entre objetos en órbita, y por la destrucción violenta de vehículos espaciales, que constituyen una amenaza creciente para la población de ingenios en órbita (se sabe que desechos con un tamaño característico de más de 1 mm pueden causar daños catastróficos en las estructuras de las naves espaciales).

Idealmente, lo mejor sería imponer que cada nave en órbita LEO se desorbitara al alcanzar el fin de su vida útil. Desafortunadamente, la desorbitación tiene un impacto enorme en el concepto de la nave espacial, y en su coste operativo (véase el apartado 2.11).

Respecto a los satélites en órbita geoestacionaria (GEO), que es la órbita de mayor valor comercial de la Tierra, en el Inter-Agency Space Debris Coordination Committee (IADC) se han elaborado directrices para ayudar a proteger esta región del espacio de la proliferación de desechos espaciales. Las directrices proponen mover un satélite al final de su vida útil a una órbita de eliminación, diseñada para que los satélites depositados en esta órbita no perturben la región operativa GEO en un plazo de 100 años al menos. En Hobbs (2010) se presenta un método analítico para calcular la distribución de órbitas finales en consonancia con las directrices del IADC, en función de la distribución de los parámetros del satélite (masa por unidad de área, coeficiente de reacción ante la presión de la radiación solar), la incertidumbre en la medición del remanente de combustible, y la fiabilidad deseada de la maniobra de disposición final fuera de la órbita (eliminación). Los resultados muestran que por lo general el parámetro dominante es la incertidumbre en la medición del remanente de combustible.

Así pues, la recomendación de IADC es que tras finalizar su misión los satélites GEO queden estacionados en una órbita de aparcamiento cuyo perigeo esté, para evitar potenciales interferencias de radio con los satélites operativos, por encima de la órbita de éstos, a una distancia ($\triangle H$ en km) del

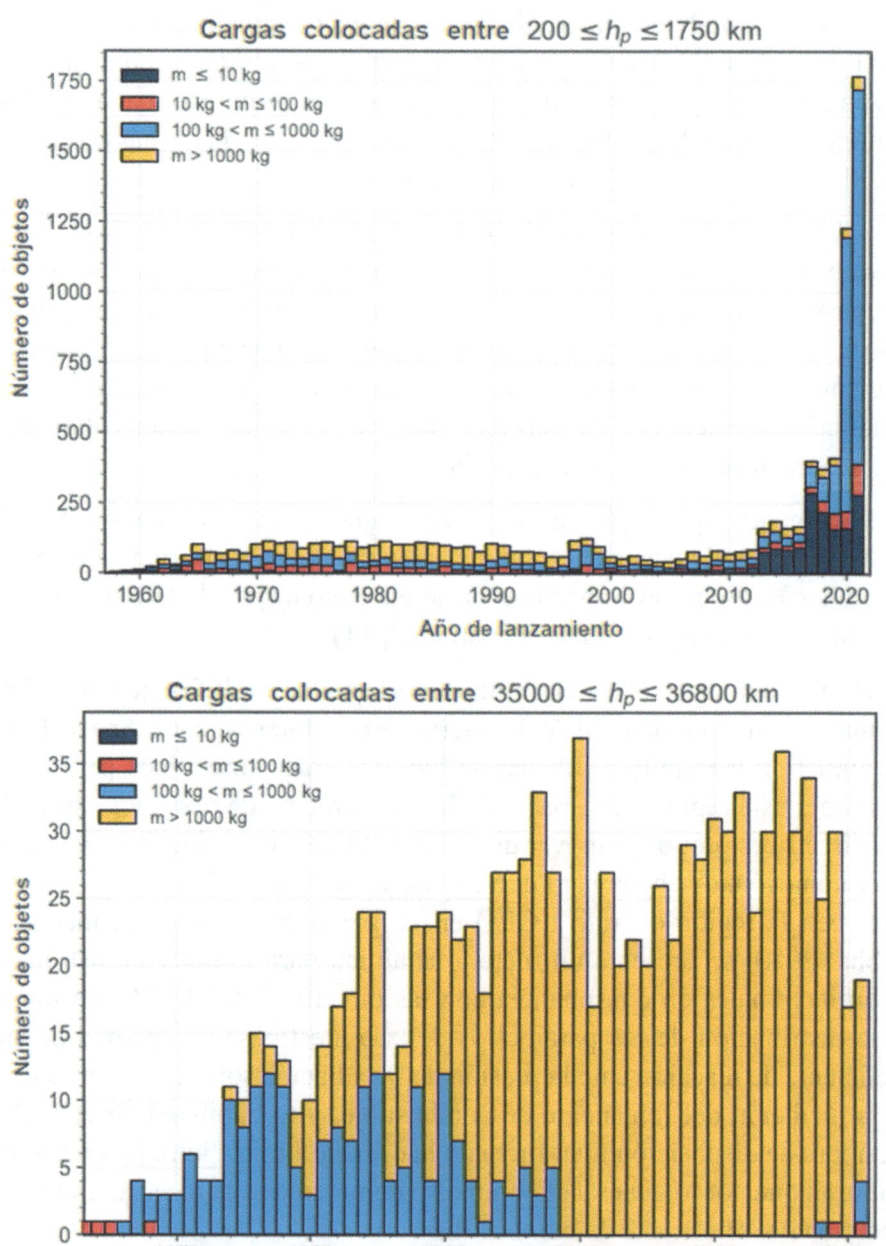

Figura 2.15: Variación con el tiempo del número de satélites puestos en órbita para distinta altura de perigeo, h_p, y masa, m; adaptada de ESA: Lemmens (2022).

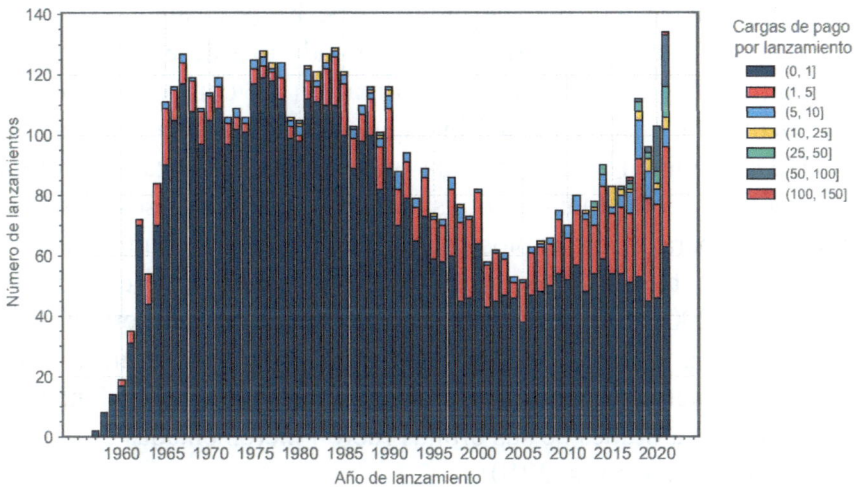

Figura 2.16: Variación con el tiempo del número de lanzamiento y el número de cargas de pago a bordo; adaptada de ESA: Lemmens (2022).

de la órbita geoestacionaria dada por la expresión (Hobbs, 2000; Flury y otros, 2010)

$$\triangle H = 235 + 1000 C_R \frac{A}{M},$$ (2.5)

donde C_R es el coeficiente de resistencia del vehículo espacial respecto a la presión de radiación solar, que vale desde 0, en el caso de un hipotético vehículo transparente, hasta 2, que es el valor que se alcanzaría si la nave reflejase completamente la luz solar, y A/M es el cociente entre el área de la nave y su masa. En la estimación de estos parámetros ha de ser considerado el vehículo completo, incluyendo todos los apéndices, promediando para todos los puntos de vista desde los que se puede observar el satélite. El valor de los parámetros anteriores depende del área de referencia utilizada que, como es obvio, ha de ser la misma para los dos parámetros.

Los costes del aumento de altitud pueden ser formulados en términos del incremento de velocidad requerida para incrementar el valor del semieje mayor en una cierta magnitud, y se precisan 3.64 m/s de incremento de velocidad por cada 100 km de aumento del semieje. La recomendación de IADC es que la altitud mínima del perigeo sobre la órbita geoestacionaria (35786 km) debe ser al menos la dada por la expresión (2.5).

La operación de aumento de altitud debe hacerse siguiendo una serie de maniobras con encendido del motor en cada una de ellas, para de esta forma minimizar que el satélite, si la estimación del combustible remanente ha sido incorrecta, quede en una órbita que intersecte con la geoestacionaria. Desde IADC también se recomienda que una vez alcanzada la órbita de aparcamiento se agoten todas las otras fuentes de energía (gases presurizados, baterías, etc.) para evitar explosiones accidentales que pudieran implicar la inyección de basura espacial en la órbita GEO. Hay que decir que en el periodo 2007-2009 hubo 40 satélites retirados del servicio, de los cuales en torno a un tercio fueron colocados correctamente en la órbita de aparcamiento, mientras que los dos tercios restantes fueron abandonados en la órbita GEO o las altitudes de sus órbitas fueron incrementadas en cantidades insuficientes (Flury y otros, 2010).

2.7.   Blindaje

Para tratar de evitar el aumento de la población de objetos descontrolados en órbita se ha citado anteriormente la posibilidad de reforzar los vehículos a fin de hacerlos más resistentes ante posibles colisiones, minimizando las consecuencias de los impactos. Como es obvio el objetivo de esta actuación sería disminuir el efecto de las colisiones, generando menos basura espacial en caso de choques, pero no la causa, pues no afecta al número de posibles objetos susceptibles de sufrir colisiones. Esta medida no puede ser considerada como una solución a largo plazo para el problema de los desechos espaciales.

Un modo de aumentar la seguridad mediante blindaje adicional es mediante el empleo de barreras de Whipple, colocando paredes adicionales de material, a menudo Kevlar, dispuestas delante de la superficie que debe ser protegida. El principio es simple: la primera superficie que recibe el impacto de una partícula genera una cascada de residuos de menor tamaño que progresa hacia el interior de la nave hasta encontrar la segunda superficie, donde algunas de las partículas generadas en el primer impacto podrían generar otras perforaciones, pero ahora de consecuencias más limitadas en razón de su menor tamaño, y así sucesivamente hasta que las partículas que pudieran llegar a la superficie protegida sean lo suficientemente pequeñas y no constituyan un peligro para la integridad del vehículo.

La eficiencia de este tipo de protección resulta ser, sin embargo, bastante limitada, y su efectividad queda restringida a partículas a lo sumo de 1 o 2 cm, un límite considerado todavía aceptable hoy en día. Como ejemplo cabe decir que la probabilidad de que un resto con un tamaño característico de más de 1 cm impacte con la Estación Espacial Internacional se cifra en la ocurrencia de uno de tales impactos en 75 años, riesgo que puede ser aceptable en la actualidad, pero que puede llegar a ser crítico si el número de desechos orbitales continua creciendo.

Hay que añadir que la implementación de este tipo de escudos es extremadamente compleja, pues son pesados, añadiendo varios kilogramos de masa adicional por unidad de superficie a proteger, lo que se traduce en un drástico aumento de los costes de lanzamiento, y afectan a otros subsistemas, como, por ejemplo, el de control térmico. Su uso queda consecuentemente limitado a vehículos extremadamente valiosos y críticos, como es el caso de las naves tripuladas o estratégicas.

Otra opción técnica es considerar las propias paredes del vehículo espacial como un blindaje, intentando localizar los equipos críticos en lugares donde se minimice el riesgo de impacto. Esta técnica de protección es muy prometedora, pues puede ser implementada introduciendo cambios en el diseño que tengan únicamente un impacto menor en el satélite, lo que puede hacerse en las primeras etapas de su diseño.

Desafortunadamente, la eficiencia de este método es limitada, y más baja de la que proporciona el empleo de escudos específicos, significando, por tanto, tan solo una ligera mejoría en la disminución del riesgo.

2.8. Maniobras de evasión para evitar colisiones

Otra solución para mejorar los efectos de las colisiones sin afectar a la causa que las produce es la de evitarlas. Para ello es preciso identificar primero la existencia de un riego de colisión, y entonces, si es posible, maniobrar el satélite para evitar la colisión.

La identificación del riesgo de colisión es complicada, y puede ser realizado desde tierra o desde el espacio. En ambos casos, el proceso requiere tres pasos, todos ellos bastante complejos:

1. Identificación de los desechos críticos y cálculo de sus parámetros orbitales.

2. Extrapolación hacia el futuro de sus órbitas y estimación de los riesgos de colisión respecto a los satélites a ser protegidos.

3. Modificación de las órbitas de los satélites amenazados.

La detección de basura espacial desde la superficie terrestre está limitada por las actuaciones de los detectores empleados; en la actualidad se dispone de un catálogo de cuerpos en órbita con tamaños superiores a 10 cm, lo que significa menos del 3% de la población de desechos con dimensiones características por encima de 1 cm, o el 0.02% de población de restos orbitales con dimensiones típicas superiores a 1 mm, como ya se indicó.

Respecto a la detección desde espacio, la situación sería obviamente aún peor, primero por el tamaño limitado de la instrumentación embarcada, y segundo por el movimiento relativo entre los objetos en órbita.

Respecto al punto 2, si la propagación en el tiempo de los parámetros orbitales es un proceso fácil en teoría, la correcta consideración de las incertidumbres es mucho más compleja, y el conocimiento de dónde se encontrará un satélite en un tiempo futuro es muy impreciso, tanto más cuanto mayor sea el periodo de proyección temporal de la órbita.

En la realidad las maniobras de evasión frente a posibles colisiones resultan estar estrictamente limitadas a vehículos de características muy especiales, como naves tripuladas o estratégicas, e incluso en estos casos el interés es relativo, pues el riesgo de impacto disminuye solo en un pequeño porcentaje a pesar del enorme coste operativo (Bonal & Alby, 2000).

Además, como es obvio, las maniobras de evasión solo son posibles si se trata de satélites activos, que representan el 27% de la población de objetos catalogados, de modo que su eficiencia queda limitada a la protección de naves espaciales activas, y consecuentemente no tiene impacto en la limitación de generación de desechos.

A la vista de lo expuesto, la solución más evidente para resolver el problema de la basura espacial es la limpieza de espacio mediante la retirada de los desechos en órbita, para lo que se han sugerido numerosos métodos.

Uno de ellos es la eliminación de satélites completos una vez finalizada su vida operativa.

Una de las fuentes más importantes de generación de basura espacial es lo que se puede llamar *colisión en cascada*. Cuando un resto espacial (o un micrometeorito) impacta sobre un objeto grande, se produce una eyección de masa que puede ser centenares de veces mayor que la de la partícula que impacta. Se tiene así que los satélites grandes representan un enorme potencial para la generación de futuras aportaciones a la basura espacial, razón por la que la eliminación de satélites fuera de uso representaría un logro muy significativo, permitiendo alcanzar con el tiempo una situación casi estabilizada en relación con el número de objetos en órbita.

Como ejemplo de esta actividad se suele citar la recuperación por naves del tipo transbordador espacial de satélites fuera de uso o necesitados de reparaciones. Desafortunadamente, una medida como esta era de alcance muy restringido, pues la altitud e inclinación de la región accesible a una nave tipo transbordador es muy limitada, y la operación de encajar el satélite a retirar en la bodega del transbordador precisaría de interfaces específicas en el satélite y sistemas adicionales de seguridad, por no hablar del extraordinario coste que significaría emplear un nave espacial tripulada para la recuperación de un único satélite, que obviamente habría de estar en una órbita accesible por la lanzadera espacial.

Un concepto más interesante se basa en la recuperación por medio de una nave específica no tripulada. Un satélite capaz de capturar a otro es una idea creíble y atractiva, aunque, sin embargo, la misión de captura sigue siendo excesivamente compleja y costosa, sin que se prevean mejoras tecnológicas dc importancia, pues el satélite capturador habría de ser insertado en órbita en la vecindad del que se deseara capturar, y haría falta disponer de un sistema de captura específico adaptable a la amplia variedad de objetos en órbita. Una vez capturado el vehículo deseado, sería preciso desorbitar el conjunto frenándolo, pero una vez alcanzada la trayectoria de reentrada habría que separar al vehículo capturador del capturado, e incrementar la velocidad del primero para aumentar su perigeo y no tener el mismo destino que su presa.

A la vista de las dificultades que presenta el método descrito, se han ideado otros procedimientos de desorbitación, como es el caso del empleo de amarras espaciales, que parece ser una técnica prometedora, y dentro de éstas merecen especial atención las llamadas *amarras electrodinámicas*.

2.9.   Amarras electrodinámicas

Aunque los fundamentos de las amarras electrodinámicas son conocidos desde los años setenta, su aplicación a la propulsión espacial se formuló a mediados de los años noventa del siglo pasado, y hoy en día se estima que es un método muy prometedor que ofrece ciertas ventajas sobre los sistemas químicos convencionales. Una amarra electrodinámica es esencialmente un cable conductor largo, flexible y delgado que se despliega y extiende desde una nave espacial. El gradiente gravitatorio origina que dicho cable se estire, y termine apuntando hacia el centro de la Tierra.

Como la amarra y la astronave se mueven a velocidad orbital a través del campo magnético terrestre, se induce un gradiente de potencial eléctrico a lo largo del cable, que es la causa de la corriente eléctrica que fluye a lo largo de la amarra. La fuerza de Lorentz creada por esta corriente frena el movimiento de la nave y extrae energía de su órbita, con el resultado de que la órbita del satélite decae, pudiendo ser esta maniobra de desorbitación bastante rápida (Pardini y otros, 2007). Como ejemplo, se ha estimado que un sistema de desorbitación conocido como Terminator Tether (Hoyt & Forward, 2000), con un masa del 2 % de la masa del vehículo a bajar, podría desorbitar un satélite típico de comunicaciones desde órbitas LEO en un periodo que oscilaría entre unas pocas semanas y unos pocos meses, lo que sería mucho más rápido que el decaimiento bajo la única influencia de la resistencia aerodinámica debida a la atmósfera residual.

La mayor ventaja de esta técnica cuando se compara con otros sistemas de propulsión es que no se precisa propulsor. Por lo tanto, al eliminar la necesidad de lanzar y mantener en órbita durante muchos años una masa de propulsante (en torno al 10-20 % de la masa total inyectada en órbita), las amarras electrodinámicas se perciben como una alternativa para la propulsión y operaciones en el espacio con un coste reducido y alta confiabilidad. Todas estas razones hacen de las amarras electrodinámicas una tecnología de indudablemente atractivo para la prevención de acumulación de desechos espaciales en órbita, pues una vez un determinado satélite hubiera completado su misión, se podría desplegar una amarra que lentamente lo deceleraría, provocando un movimiento descendente hasta su desintegración en la atmósfera.

Sin embargo, para que un sistema como el descrito sea operativo, quedan todavía muchas etapas por cubrir, como la necesidad de calificar para uso espacial aplicable a cualquier nuevo sistema, resolver las complejidades adicionales relacionadas con el diseño, vencer las no pocas dificultades que aparecen en el despliegue de amarras extremadamente largas, y en controlar el sistema de estabilización del cable durante la fase orbital de caída, de modo que falta todavía mucho trabajo antes de que esta técnica pueda ser adoptada con fiabilidad.

Por otra parte, las amarras electrodinámicas generan problemas adicionales desde el punto de vista de la basura espacial, pues debido a su enorme longitud, representan un riesgo mucho mayor para cualquier vehículo operativo debido a que una vez desplegado el riesgo de colisión es considerablemente más grande en razón del aumento del área de su sección transversal. Hay que tener en cuenta que por su pequeño diámetro los cables electrodinámicos pueden tener una alta probabilidad de ser cortados por impactos con micro-meteoritos y restos espaciales de tamaño relativamente pequeño, de manera que los fragmentos resultantes podrían constituirse en una fuente adicional de riesgos para las naves espaciales operativas.

2.10.   Eliminación de desechos de tamaño pequeño

Si en los apartados anteriores la atención ha estado centrada en la eliminación de basura espacial de tamaños grandes, no hay que olvidar que los restos espaciales de pequeño tamaño constituyen también un peligro real que hay que tener en cuenta.

Se han aventurado algunas ideas para eliminar fragmentos de desechos espaciales. Uno de ellos es lo que se conoce como red de pesca, que a pesar de lo atractivo (se despliega una red donde se retengan los desechos) resulta prácticamente irrealizable debido a que haría falta una superficie frontal enorme para alcanzar un número razonable de capturas, y se debería asegurar además que el sistema no produciría basura adicional. Además, un sistema tal solo sería eficiente para determinadas direcciones, y resulta ser bastante complejo en su operación, pues requeriría frecuentes cambios de órbita y su desorbitación final.

También se ha llegado a proponer un colector de basura espacial basado en la atracción magnética, lo cual no parece muy adecuado habida cuenta de que una gran parte de los materiales usados en el espacio no son sensibles a los campos magnéticos (fibra de carbono, fibra de vidrio, plásticos, aluminio ...).

Se ha pensado incluso en el empleo de láseres para desorbitar los desechos espaciales (Bonal & Alby, 2000), en una secuencia en la que, tras detectar el elemento de basura espacial en órbita que se quiere eliminar, con un pulso de láser de la potencia necesaria se sublima ligeramente una porción de la superficie del cuerpo, de modo que si la sublimación ocurre en la dirección apropiada, los gases resultado de la sublimación proporcionan una pequeña modificación de la velocidad del cuerpo, de modo que disminuya la altitud de su órbita. De esta manera, repitiendo esta operación el número necesario de veces, se conseguiría desorbitar el cuerpo. El sistema puede parecer atractivo, pero presenta muy graves dificultades, cuya solución en algunos casos está fuera del alcance de la tecnología actual. Por ejemplo, para poder disparar un pulso sobre un objeto es necesario en primer lugar tenerlo perfectamente identificado, lo que implica mejorar notablemente los medios de teledetección respecto a lo que se puede alcanzar con los disponibles actualmente (radares y telescopios); además sería preciso poder determinar el punto donde debe apuntar el láser, lo que requeriría conocer con gran exactitud los parámetros orbitales, y casi en tiempo real, de un gran número de cuerpos, todo esto, obviamente, supuesto que se dispusiera de un láser con la potencia suficiente para provocar la sublimación, que además habría de hacerse repetidas veces y a intervalos poco espaciados en el tiempo.

Ninguna de las tres dificultades señaladas parece irresoluble, aunque requiera un esfuerzo de desarrollo grande que probablemente se pueda alcanzar tan solo trabajando a nivel mundial.

Desafortunadamente, también aquí la eficiencia del método parece limitada, pues el sistema habría de ser situado cerca del ecuador para poder cubrir cualquier inclinación orbital, pero incluso aun cumpliendo esta condición, su acción habría de limitarse probablemente a un cierto tamaño de basura espacial, dispuesta en órbitas casi circulares.

2.11. Mitigación

Aunque desde los primeros años de la exploración del espacio se tuvo conciencia de los inconvenientes que en el futuro podría acarrear dejar abandonados en el espacio objetos inservibles y fuera de uso, no ha sido hasta recientemente cuando se ha entendido plenamente la dimensión mundial de este problema, y se han puesto a punto iniciativas a fin de solucionarlo, o al menos intentar que no se incrementen todavía más los inconvenientes de los desechos espaciales.

La causa principal de la proliferación futura de los desechos, además de la liberación en órbita de nuevos objetos, sea intencionada o no intencionada, es la continuación en órbita de cuerpos con grandes masas y tamaños, que podrían estar involucrados en próximas colisiones catastróficas. Ante esta situación, se piensa que las medidas para la mitigación de los restos espaciales se deben concentrar en la prevención de la liberación de nuevos objetos a partir de los que ya están (explosiones, objetos relacionados con la misión como sistemas de protección óptica de telescopios, productos de escape de los motores), en la disposición de los cuerpos en órbita y en la prevención activa de colisiones. Sin embargo, como muestran las simulaciones hechas en la ESA y en otras agencias, la aproximación más eficaz para estabilizar el entorno de desechos espaciales es la retirada de la masa inactiva de las regiones orbitales con altas densidades de cuerpos espaciales fuera de servicio (Krag y otros, 2013).

Ante lo acuciante del problema, se han llevado a cabo acciones, que aunque lentamente, intentan definir un marco de actuación apropiado para la acotación, e incluso disminución, de la masa en órbita terrestre. Un paso importante para una aplicación en un entorno internacional de medidas de reducción de los desechos espaciales fue tomada por el Comité Inter-Agencias de Coordinación de Desechos Espaciales (*Inter-Agency Space Debris Coordination Committee*, IADC). Este comité fue fundado en 1993 como un foro para el intercambio técnico y de coordinación en materia de desechos espaciales, celebra reuniones anuales, y la Agencia Europea del Espacio, ESA, es uno de los primeros miembros que se incorporaron al mismo, al que ahora pertenecen todos los organismos de las principales naciones con actividades espaciales: ASI (Italia), BNSC (Reino Unido) ahora conocido con las siglas UKSA, CNES (Francia), CNSA (China), DLR (Alemania), ISRO (India), NASA (EE.UU.), NSAU (Ucrania),

ROSCOSMOS (Rusia), y, por supuesto, ESA (Flury y otros, 2000; Krag, 2009; Krag y otros, 2013).

Hoy en día, el IACD es un organismo técnico reconocido como líder internacional en el tema de mitigación de desechos orbitales, al que le ha sido solicitada formalmente apoyo técnico por el Comité de las Naciones Unidas para la Utilización Pacífica del Espacio Ultraterrestre (*United Nations Committee on the Peaceful Uses of outer Space*, UNCOPUOS). En 2002, el Comité Inter-Agencias publicó un documento con las directrices de IADC para la reducción de desechos espaciales, que fueron presentadas a la Subcomisión Científico-Técnica de UNCOPUOUS, sirviendo como base para las directrices para la reducción de desechos espaciales de la ONU, que fueron aprobadas por los 63 países miembros de esta subcomisión en 2007. Las directrices básicas aprobadas (Lewis y otros, 2012, Portelli y otros, 2010) son:

- (1) Limitar los desechos liberados durante las operaciones normales.

- (2) Reducir al mínimo las posibilidades de desintegraciones durante las fases operativas.

- (3) Limitar la probabilidad de colisiones accidentales en órbita.

- (4) Evitar la destrucción intencionada de vehículos en órbita y otras actividades perjudiciales.

- (5) Minimizar el potencial de rupturas post-misión que pudieran resultar del almacenamiento en órbita de fuentes de energía.

- (6) Limitar la presencia a largo plazo de naves espaciales y etapas de vehículos de lanzamiento en órbitas de baja altitud (LEO), después del final de su misión.

- (7) Limitar la interferencia a largo plazo de naves espaciales y etapas de vehículos de lanzamiento en órbitas de la región GEO después del final de su misión.

Al mismo tiempo, las agencias espaciales de Europa desarrollaron directrices más específicas, dentro de lo que se conoce como "Código Europeo de Conducta", documento subscrito por ASI, BNSC, CNES, DLR y ESA en 2006 y que se está acumulando en la labor de la CDI. La Agencia Europea del espacio ha traducido estas guías o recomendaciones en requisitos técnicos obligatorios, que serán aplicables en las futuras misiones de la ESA. Formalmente esta reglamentación entró en vigor en 2008.

Las directrices de mitigación de desechos espaciales mencionadas ofrecen el marco necesario para saber qué es lo que se debería hacer, pero no definen procedimiento alguno para definir cómo han de ser aplicadas las medidas de mitigación. Ciertamente la normalización de las medidas de mitigación es de gran importancia si se desea lograr una comprensión común de las tareas necesarias que conduzcan a procesos transparentes y comparables, y esta es la tarea de los organismos de normalización internacionales como ISO (Comité Técnico 20 y Sub-Comité 14) y la organización responsable de las normas ECSS de la Agencia Europea del Espacio.

Paralelamente, en algunos países están ya desarrollando reglamentaciones nacionales, tal es el caso de la ley de operaciones espaciales francesa (Lazare, 2012) donde se establece que uno de los principales objetivos del reglamento técnico francés es proteger a las personas, la propiedad, la salud pública y el medio ambiente. El cumplimiento de este reglamento técnico es obligatorio desde el 10 de diciembre de 2010 para las operaciones espaciales de los operadores espaciales franceses y para las operaciones espaciales llevadas a cabo en territorio francés. Los reglamentos técnicos se dividen en tres secciones que cubren los requisitos comunes para el lanzamiento, control en órbita y retorno de un objeto espacial. La primera versión de este reglamento técnico, publicado en marzo de 2011, está dedicada a los sistemas espaciales tripulados.

En resumen, parece que para atajar el crecimiento desmesurado de los cuerpos en órbita se barajan dos opciones según se hable de cuerpos en órbitas LEO o en órbitas GEO. Para los primeros se habla en términos coloquiales de la llamada regla de los 25 años (Lewis y otros, 2012; Bradley & Wein, 2009; Krag y otros, 2013) que obligaría a desorbitar los cuerpos en órbitas bajas en ese periodo máximo de tiempo, lo que, junto con la pasivación y la supresión de los desechos relacionados con la misión, sería suficiente para evitar el crecimiento incontrolado de la población de desechos espaciales en la región LEO. En la región GEO la solución pasa por aumentar la altitud de la órbita final de aparcamiento (u órbita cementerio), según se ha expuesto en la sección 2.6.

3

Radiación en el entorno espacial

3.1. Introducción

La comprensión precisa de la radiación es fundamental para el éxito de las misiones espaciales científicas y comerciales. La radiación en el entorno espacial puede definirse como la energía transferida a los materiales en forma de partículas subatómicas u ondas electromagnéticas. En las naves espaciales, la radiación incidente está causada por fuentes que existen en el espacio exterior a la Tierra. Los periodos de radiación muy alta pueden dar lugar a la interrupción de los servicios de la misión o incluso el fracaso total de la misma. Incluso en condiciones normales, la interacción entre el entorno espacial y un satélite puede dar lugar a desviaciones no deseadas en el comportamiento del equipamiento espacial o de ciertos componentes electrónicos. Por ello, una buena comprensión de la interacción de la radiación con los instrumentos espaciales y sus efectos, es esencial para obtener el máximo provecho de la misión. Para obtener un resultado óptimo de la infraestructura espacial, se deben tener en cuenta las interacciones entre las naves espaciales y el entorno espacial. El nivel de radiación en el espacio exterior constituye un factor importante para los vehículos, componentes espaciales y astronautas, debiendo ser estudiado cuidadosamente teniendo en cuenta la planificación y el diseño de futuras misiones. Los satélites no solo están expuestos a la radiación, sino también a cambios bruscos de temperatura (Meseguer y otros 2012), a descargas eléctricas y a posibles impactos de restos de meteoritos y polvo espacial (como se ha visto en el capítulo 2).

En este capítulo se resumen los aspectos más relevantes de la radiación en el entorno espacial: se estudiará la radiación[1] (solar y cósmica), su interacción con la materia, y los posibles efectos de la radiación sobre los equipos espaciales. En un solo capítulo no es posible describir exhaustivamente todos los aspectos relacionados con la radiación en entorno espacial. Este tema llena bibliotecas enteras cuando se trata en detalle y con profundidad científica. Para mayor detalle, los estudiantes o investigadores interesados pueden consultar la bibliografía adjunta al final de este libro. La intención de este capítulo es, por tanto, que con su lectura se pueda obtener una visión general de los aspectos mas importantes, facilitando al lector interesado una guía para la profundización con la literatura especializada.

Los efectos de la radiación sobre los vehículos espaciales dependen de la naturaleza de la radiación y de los materiales que componen los vehículos. Si se considera que la radiación está formada por partículas u ondas electromagnéticas, el factor esencial para determinar sus efectos en un material es la energía y el tipo de partícula. Si la energía por partícula incidente es baja, los átomos o moléculas del material absorben la energía sin experimentar cambios y el resultado es un efecto térmico. Por otro lado, si la energía por partícula incidente es alta, se producen cambios en los átomos o moléculas que cambian las características del material.

Para cuantificar los efectos de la radiación en los equipos espaciales a lo largo de una misión se necesita considerar los siguientes cuatro factores:

1. la órbita del satélite;

2. las fuentes de radiación;

3. la interacción de la radiación con el material;

4. los efectos de radiación en el equipo espacial.

---

[1]Las partículas de interés en este capítulo son esencialmente electrones, protones, iones pesados y fotones.

En concreto, para calcular la dosis de radiación es necesario tener en cuenta los flujos y espectros de energía en la superficie de las naves espaciales. Estos flujos dependen principalmente de parámetros orbitales como la altitud (que determina la densidad de la atmósfera, pudiendo esta atenuar los flujos de radiación), la latitud (que define la magnitud del campo magnético de la Tierra que a su vez desvía las partículas cargadas) y la actividad solar (que define la intensidad de los flujos de radiación en épocas específicas). Los flujos y espectros de energía en el interior de los satélites dependen de los materiales que actúan como blindaje o como objetivo de las fuentes de radiación (que a su vez depende de la energía y tipo de las partículas). Para determinar la dosis de radiación que finalmente soportan los componentes de los satélites y los astronautas se usan simulaciones de Monte Carlo basadas en la física de partículas.

El capítulo está organizado de la siguiente manera: en la primera parte (apartado 3.2) se estudian los tipos de radiación en el espacio exterior a la Tierra. En la segunda parte (apartado 3.3) se habla de la interacción de la radiación con los materiales; en la tercera parte (apartado 3.4) se presentan los efectos de radiación en el entorno espacial. En las dos últimas partes se presentan herramientas informáticas para cálculos de radiación (apartado 3.5) y normativas específicas para la radiación en el entorno espacial (apartado 3.6).

3.2. Origen de la radiación en el espacio exterior

Para estudiar los efectos de la radiación en las naves espaciales es necesario analizar previamente el origen de la radiación en el espacio exterior. A continuación, se mostrarán las principales fuentes de radiación que se encuentran en el espacio, clasificándolos en cuatro categorías:

- Radiación electromagnética solar (apartado 3.2.2).

- Viento y partículas solares (apartado 3.2.3).

- Anillos de radiación (apartado 3.2.4).

- Rayos cósmicos (apartado 3.2.5).

Figura 3.1: El ambiente de la radiación espacial está formado por partículas que provienen de los eventos solares y por rayos cósmicos de fuera del sistema solar. Los eventos solares producen un flujo variable de partículas (representado en la figura en naranja) que interactúa con el campo magnético terrestre y comprime la magnetosfera (representado en azul). Los rayos cósmicos en cambio llegan a la Tierra isotrópicamente. Las partículas cargadas atrapadas en los cinturones de Van Allen son principalmente de origen solar. Estas son capturadas y mantenidas alrededor de la Tierra por el campo magnético terrestre (dibujado en azul). Esquema no a escala; (adaptada de Wikimedia).

La radiación surge tanto de dentro como de fuera del sistema solar. En la figura 3.1 se muestran esquemáticamente las fuentes de radiación en el espacio interplanetario mencionadas anteriormente. Durante las misiones, las naves espaciales y astronautas están expuestos a estos tipos de radiación espacial. Es muy difícil protegerse de la radiación más energética y de su efecto dañino en los materiales de las naves espaciales y los tejidos humanos. Afortunadamente, los seres humanos en la Tierra están mayoritariamente protegidos de la radiación proveniente del espacio debido a que el flujo de partículas u ondas electromagnéticas son absorbidas o atenuadas por la atmósfera terrestre. Otra causa que mitiga la llegada de radiación es la desviación de las partículas cargadas eléctricamente por el campo magnético terrestre.

3.2.1. Estructura solar

El Sol es una estrella de tamaño medio de nuestra galaxia, la Vía Láctea. Se calcula que la Vía Láctea contiene entre 200 000 y 400 000 millones (4×10^{11}) de estrellas. Una de ellas es nuestro Sol, que es una bola esférica de plasma caliente sin superficie sólida que rota y tiene un campo magnético. Se utiliza el contorno visible del Sol para describir su tamaño con un radio solar de 7×10^5 km (Tipler & Llewellyn 2012). La compleja estructura del Sol se puede simplificar considerando seis capas (como se presenta esquemáticamente en la figura 3.2), tres capas para describir el interior del Sol (núcleo, zona radiativa y zona convectiva) y tres capas para describir la atmósfera del Sol (fotosfera, cromosfera y corona).

- *Núcleo.* El núcleo es la parte interior del Sol, con una densidad muy elevada y con una temperatura de alrededor de 15×10^6 K. El Sol está en equilibrio hidrostático donde la fuerza de compresión por gravedad compensa las fuerzas de presión. La energía del Sol proviene principalmente de la fusión nuclear, siendo la más destacada la que produce cada núcleo de helio al formarse a partir de cuatro protones. En la reacción de fusión hay una pérdida de masa, ya que los cuatro protones consumidos pesan más que el helio producido (Tipler & Llewellyn 2012). Esa diferencia es masa perdida que se transforma en energía según la ecuación de Einstein ($E = mc^2$), donde E es la energía, m la masa perdida y c la velocidad de la luz (2.998×10^8 m/s).

- *Zona radiativa.* La energía generada en el interior del Sol es trasportada desde el núcleo hasta la zona radiativa, disminuyendo la densidad de partículas conforme nos alejamos del centro. En la zona radiativa, la energía se transporta por radiación. Los fotones se propagan por un medio ionizado y tremendamente denso, interaccionando con el mismo infinidad de veces en su camino al exterior de la esfera. Se calcula que un fotón cualquiera puede tardar del orden de un millón de años en alcanzar la superficie y manifestarse como luz visible fuera de la superficie del Sol.

- *Zona convectiva.* La zona convectiva se extiende por encima de la zona radiativa. La zona convectiva de una estrella es el intervalo de radios en los que la energía es transportada principalmente por medio de convección. Una parte de energía de los fotones es convertida en calor. La materia caliente del borde de la zona de radiación sube hasta que se enfría lo suficiente como para volver a hundirse. Este movimiento es similar a las burbujas en el agua hirviendo. El material calentado sube hacia la superficie y luego se enfría en grandes burbujas llamadas células de convección. La circulación convectiva del material en estado de plasma tiende a transportar partículas que están cargadas eléctricamente.

- *Fotosfera.* La fotosfera es la región del Sol que es visible y emite luz. El material llega a la parte superior de la zona de convección y se enfría emitiendo luz. La capa de la fotosfera, aunque se define como superficie solar, no es sólida. La fotosfera es también la zona donde comienza la atmósfera solar. Se encuentra a una temperatura de alrededor de 5 800 K.

- *Cromosfera.* La cromosfera es la capa inmediatamente superior a la atmósfera solar tras la fotosfera. Tiene unos 2 000 km de espesor, valor estimado a partir de modelos teóricos. La temperatura aumenta a unos 20 000 K en su parte superior. La cromosfera ya no es una luz blanca como la fotosfera, sino que emite principalmente luz roja.

- *Corona.* Esta tercera capa de la atmósfera se extiende más de un millón de kilómetros desde su origen sobre la cromosfera. La corona está compuesta de plasma y la temperatura media es de 1 a 2×10^6 K siendo su densidad muy baja (Tipler & Llewellyn 2012).

El Sol impulsa la radiación hacia la Tierra a través de los siguientes mecanismos:

- Radiación electromagnética solar.

- Viento y partículas solares.

- Fulguraciones solares.

- Eyecciones de masa coronal.

Figura 3.2: La compleja estructura del Sol se puede simplificar describiendo seis capas. Tres capas para explicar el interior del Sol (núcleo, zona radiativa y zona convectiva) y tres capas para explicar la atmósfera del Sol (fotosfera, cromosfera y corona); (Wikimedia, ESA).

La radiación electromagnética solar está descrita en el apartado 3.2.2 y el viento y partículas solares, fulguraciones solares y eyecciones de masa coronal se describen en el apartado 3.2.3. Todos estos fenómenos se deben al movimiento de fluido cargado eléctricamente y al campo magnético del Sol. Ambos procesos se describen por un sistema de ecuaciones magnetohidrodinámicas que son una combinación de las ecuaciones de Navier-Stokes de dinámica de fluidos y las ecuaciones de Maxwell del electromagnetismo. Gracias a los avances y a la disponibilidad de modernos superordenadores, los investigadores están haciendo grandes progresos en el modelado teórico de la atmósfera solar lo que permite simulaciones muy realistas de los procesos que ocurren en la superficie visible y las capas interiores del Sol.

3.2.2. Radiación electromagnética solar

La principal fuente de radiación electromagnética en las cercanías de la Tierra es el Sol y su radiación se distribuye en un amplio espectro de longitudes de onda. En la figura 3.3 se muestra el espectro de la radiación

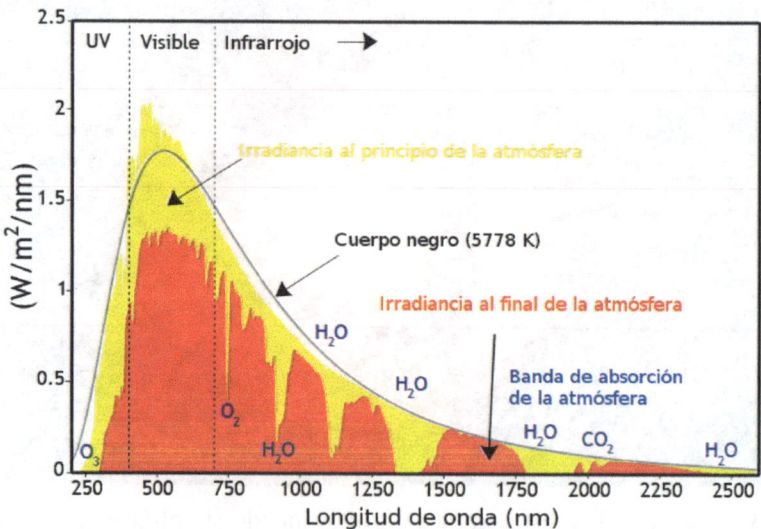

Figura 3.3: Espectro de la irradiancia solar en función de la longitud de onda por iluminación directa, tanto al entrar incialmente en la atmósfera (en amarillo) como al haberla atravesado por completo (en rojo). Este espectro incidente en la atmósfera corresponde a una distancia media Sol-Tierra y se compara con el que se recibiría si el Sol fuese un cuerpo negro a 5 778 K (linea negra). A medida que la luz pasa a través de la atmósfera, parte de la radiación es absorbida por los gases en bandas de absorción específicas. Se indican también las regiones de luz ultravioleta, visible e infrarroja; (adaptada de Wikimedia).

electromagnética solar en función de la longitud de onda medida, tanto al principio (en amarillo) como al final de la atmósfera terrestre (en rojo), a la distancia media Sol-Tierra. Una gran parte de la radiación electromagnética del Sol es visible para el ojo humano, desde el ultravioleta hasta el infrarrojo, con longitudes de onda entre 400 y 700 nm. La contribución de la región visible es de alrededor de la mitad de todo el espectro solar. La figura también ilustra la atenuación de la radiación electromagnética del Sol al pasar por la atmósfera terrestre. Ésto es debido a que la intensidad de radiación electromagnética se debilita al atravesar la materia, por lo que no toda la radiación alcanza la superficie de la Tierra. La atenuación de la radiación electromagnética depende principalmente de la longitud de onda y de la naturaleza del material atravesado. Los procesos y efectos más importantes de la interación entre la radiación y la materia serán descritos en el apartado 3.3, y en particular, aquellos que se producen entre la luz y un material concreto están descritos en el apartado 3.3.5.

Una parte de la radiación solar es reflejada, absorbida o dispersada por los átomos y moléculas de la atmósfera terrestre. Como se puede apreciar en la figura 3.3, las ondas más cortas (las ondas del ultravioleta) son absorbidas fundamentalmente por las moléculas de ozono (O_3) en la ionosfera y las ondas más largas son absorbidas principalmente por el vapor de agua (H_2O) y, en menor medida, por gases absorbentes como el oxígeno (O_2) y el dióxido de carbono (CO_2).

La radiación solar normalmente se mide, mediante instrumentos especiales destinados a tal propósito, situados en la parte externa de la atmósfera terrestre o en la Tierra. La magnitud que mide el flujo de la radiación solar que incide sobre una superficie es la irradiancia (*irradiance*). La irradiancia mide la energía por unidad de tiempo y área que alcanza la Tierra y normalmente se expresa en vatios por metro cuadrado (W/m²).

El intervalo de longitudes de onda comprendido por el espectro de la radiación electromagnética solar corresponde (en concordancia con la ecuación 3.4) con la energía total media incidente sobre la atmósfera. Esta magnitud se define como *constante solar* y viene dada por el valor $\varphi_0 \approx 1\ 361$ W/m² . Como se verá a continuación, si se supone que el Sol se comporta como un *cuerpo negro*[2] (*blackbody*) se puede deducir la temperatura del Sol y la constante solar. La linea negra en la figura 3.3 muestra la radiación electromagnética que recibiría la Tierra si el Sol fuese un cuerpo negro a una temperatura de 5 778 K. De esta comparación se puede asumir que el Sol se comporta casi exactamente como un cuerpo negro, que emite energía siguiendo una distribución característica demonimada distribución de Planck y está fijada por una cierta temperatura. Es interesante mencionar que la *distribución de Planck*, que se presentará más adelante (3.3), pucde ser calculada empleando los principios básicos de las leyes de la física (Tipler & Llewellyn 2012). La idea clave es que para obtener esta distribución se introduce el concepto de que la radiación electromagnética consiste en paquetes de energía, los llamados fotones (Tipler & Llewellyn 2012). El fotón[3] es la partícula "portadora" de la radiación electromagnética y se

---

[2]El cuerpo negro es un objeto que emite (o absorbe) radiación electromagnética con un 100 % de eficiencia en todas las longitudes de ondas.

[3]El fotón es una partícula fundamental sin masa ni carga.

comporta como una partícula cuando interactúa con la materia, a la que transfiere una cantidad fija de energía E, que viene dada por la expresión:

$$E = \frac{hc}{\lambda} = h\nu, \tag{3.1}$$

donde λ y ν son la longitud de la onda y la frecuencia del fotón respectivamente, h es la constante de Planck (6.626×10^{-34} m^2 kg s^{-1}) y c es la velocidad de la luz (2.998×10^8 m/s). La longitud de onda y la frecuencia de onda están relacionadas por:

$$c = \lambda \nu. \tag{3.2}$$

La ley de Planck (Tipler & Llewellyn 2012) describe la radiación electromagnética emitida por un cuerpo negro en equilibrio térmico[4] a una temperatura definida. La radiancia espectral de la radiación emitida $L(\lambda, T)$ (unidad: W/m^3) por un cuerpo negro con una cierta temperatura T y longitud de onda λ viene dada por la *distribución de Planck*, que es

$$L(\lambda, T) = \frac{2hc^2}{\lambda^5} \frac{1}{\exp(\frac{hc}{\lambda k_B T}) - 1}, \tag{3.3}$$

donde k_B es la constante de Boltzmann (1.381×10^{-23} m^2 kg s^{-2} K^{-1}).

Para calcular la radiancia total de la radiación emitida por el cuerpo negro se integra la distribución de Planck a lo largo de todas las longitudes de onda. La solución de la integral $L(T)=\int_0^\infty L(\lambda,T)\,d\lambda$ se puede obtener de forma analítica y se conoce como la *ley de Stefan-Boltzmann* (Tipler & Llewellyn 2012). Esta ley enuncia que la energía total emitida $L(T)$ (unidad: W/m^2) por un cuerpo negro es proporcional a la cuarta potencia de la temperatura T del cuerpo

$$L(T) = \int_0^\infty L(\lambda, T)\,d\lambda = \frac{\sigma}{\pi} T^4, \tag{3.4}$$

donde σ es la constante de Stefan-Boltzmann (5.670×10^{-8} W m^{-2} K^{-4}).

La posición del máximo de la distribución de Planck depende de la temperatura del cuerpo negro y está dada por la *ley de desplazamiento de Wien*

---

[4]El cuerpo negro está en equilibrio térmico si tiene una temperatura constante.

(Tipler & Llewellyn 2012). El valor máximo de emisión de la distribución de Planck se obtiene calculando la primera derivada de la función de la distribución de Planck respecto a la longitud de onda e igualando el resultado a cero $\left(\frac{dL(\lambda,T)}{d\lambda} = 0\right)$. Esta ley establece que hay una relación entre la longitud de onda a la que se produce el máximo de emisión λ_{max} y su temperatura:

$$\lambda_{max} = \frac{b}{T}, \tag{3.5}$$

donde b es la constante de proporcionalidad de Wien (2.898×10^{-3} m K).

La ley del desplazamiento de Wien establece que a medida que la temperatura del cuerpo aumenta, el máximo de su distribución de energía se desplaza hacia las longitudes de onda más cortas.

Para obtener la constante solar (flujo de energía radiada por el Sol recibido en un punto de la órbita terrestre), que en la práctica se mide con satélites, se asume que se conoce la temperatura en la superficie del Sol, su radio ($R = 7 \times 10^8$ m) y la distancia media Sol-Tierra. La temperatura en la superficie del Sol ($T = 5778$ K) está dada por el valor que se ha estimado en la figura 3.3 usando la distribución de Planck. La distancia media Sol-Tierra es 1.5×10^{11} m y se define como *una unidad astronómica* (1 UA).

Para calcular la constante solar en la Tierra basta con dividir el flujo energético que emite el Sol por la relación de áreas entre la superficie del Sol con su radio solar R y la de una esfera de radio de 1 UA. Para la superficie solar, la energía emitida por unidad de tiempo por el Sol se denomina *emitancia solar M_{Sol}* y es:

$$M_{Sol} = 4\pi R^2 \sigma T^4, \tag{3.6}$$

donde R es el radio solar y T la temperatura en la superficie del Sol. La emitancia solar calculada es $M_{Sol} \approx 3.9 \times 10^{26}$ W. A partir de la emitancia solar, puede obtenerse el flujo de densidad solar $\varphi(r)$ (unidad: W/m^2) para cualquier distancia r con la siguiente relación

$$\varphi(r) = \frac{M_{Sol}}{4\pi r^2}. \tag{3.7}$$

Por lo tanto, el flujo emitido por el Sol va disminuyendo con la distancia al cuadrado debido a que se reparte por una superficie esférica mayor

(Tipler & Llewellyn 2012). Para una distancia media de Sol-Tierra ($r_0 =$ 1 UA) esta radiación se conoce como *constante solar* φ_0, y tiene un valor aproximado de $\varphi_0 \approx 1361 \, \mathrm{W/m^2}$. Como ya se ha comentado previamente, el valor φ_0 puede medirse con sensores embarcados en satélites y permite estimar la temperatura del Sol. La constante solar se puede calcular fácilmente para cualquier otra distancia r dada, gracias a la siguiente relación

$$\varphi(r) = \varphi_0 \frac{r_0^2}{r^2}, \tag{3.8}$$

donde r_0 es igual a 1 UA.

Debido a la forma elíptica de la órbita de la Tierra, la distancia entre la Tierra y el Sol varía durante las diferentes estaciones a lo largo del tiempo y en consecuencia, la radiación solar cambia en las diferentes épocas del año. Como resultado de este efecto, la constante solar varía cíclicamente (estacionalmente) aproximadamente un ± 3 %. La variación anual de la constante solar $\varphi_0(D)$ puede parametrizarse como

$$\varphi_0(D) = \frac{\varphi_0}{1.004 + 0.0334 \cos D}, \tag{3.9}$$

donde D es el ángulo de fase del año tomando como referencia $D = 0$ el 4 de julio (afelio de la Tierra). A principios de julio se obtiene un constante solar mínima de 1 313 W/m² y a principios de enero la constante solar es máxima con unos 1 403 W/m².

Adicionalmente, hay una variación periódica del 0.1 % de la constante solar. Esta variación se debe a que la emitancia solar M_{Sol} no es completamente estable, debido principalmente al ciclo solar. En la figura 3.4 se puede apreciar el cambio periódico solar de 0.1 % que resulta de los últimos tres ciclos solares de 11 años en diferentes valores medidos experimentalmente. Estos ciclos solares se explican a partir de las variaciones del campo magnético del Sol, que localmente fluctúa mucho y cambia la polaridad cada 11 años (Tipler & Llewellyn 2012).

Es posible determinar la actividad del Sol por la cantidad de *manchas solares* que existen. Estas manchas solares son áreas oscuras que aparecen en la superficie del Sol y que tienen una temperatura más baja que la de su alrededor. Las manchas se generan debido al campo magnético del Sol. Se sabe que cerca de las manchas solares se producen las *erupciones solares*,

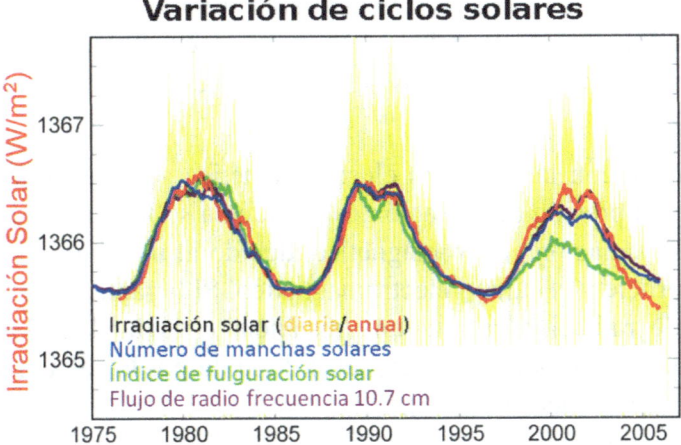

Figura 3.4: La figura muestra diferentes variables que expresan la actividad solar a lo largo de una serie de años. Se representan los valores medidos de irradiación solar (amarillo y rojo), número de manchas solares (azul), índice de fulguración solar (verde) y flujo de radiofrecuencia con longitud de onda de 10.7 cm (violeta) para los tres últimos ciclos solares. Un ciclo solar dura 11 años. La irradiancia solar definida como la energía solar directa en la parte superior de la atmósfera de la Tierra, se representa como una medida diaria (amarillo) y un promedio anual (rojo). La irradiancia solar promedio desde el año 2011 es de 1 361 W/m² (Kopp & Lean 2011), que es ligeramente menor que el valor que se presenta en la figura. Todos los demás datos se representan como el valor medio anual. Las escalas verticales de cada cantidad se han reescalado arbitrariamente para permitir la sobreimpresión en el mismo eje vertical. Las variaciones temporales de todas las cantidades representadas están correlacionadas en fase, con ligeras variaciones de amplitud; (adaptada de Wikimedia).

nombradas también *fulguraciones solares* o *eyecciones de masa coronal*. Estos eventos son erupciones repentinas de plasma (véase figura 3.5) y se explicarán en el próximo apartado. Las manchas solares se usan para medir los patrones de la actividad solar, que es periódica. La actividad del Sol empieza con un mínimo solar, llegando al máximo solar a mitad del ciclo, con unos centenares de manchas solares, antes de volver a caer de nuevo hasta el mínimo, con unas decenas de manchas solares (Tipler & Llewellyn 2012). Hay períodos de diferente duración en el número de manchas solares (también denominado *número de Wolf*), pero el período más importante tiene 11 años de duración media. Esta variación periódica también se observa en la mayoría de las otras expresiones de la actividad solar (como la irradiancia y otras variables medidas experimentalmente) y se produce conjuntamente con una variación en el campo magnético solar que cambia de polaridad en el mismo período.

Relacionada con la radiación electromagnética solar, está la *presión de radiación*. Esta presión de radiación es producida sobre cualquier superficie expuesta a la radiación electromagnética, debido al intercambio de impulso entre la superficie y el campo electromagnético. Si la radiación es absorbida, la presión de radiación $p(r)$ a una distancia r, es la densidad del flujo electromagnético emitida por el Sol $\varphi(r)$ dividida por la velocidad de la luz según la ecuación (Jackson 1999):

$$p(r) = \frac{\varphi(r)}{c}. \tag{3.10}$$

Si la superficie refleja toda la radiación, la presión de radiación se duplica y se obtiene $p(r) = 2\varphi(r)/c$ ya que el impulso de la radiación cambia de dirección. La presión de radiación en la Tierra es $p = \varphi_0/c = 4.5 \times 10^{-6}\,\mathrm{Pa}$ para una superficie totalmente absorbente a una distancia de 1 UA. Es interesante mencionar que aunque esta presión produce una fuerza muy pequeña, en el espacio es la principal fuerza que actúa sobre los satélites junto con la gravedad. Esta fuerza minúscula puede tener un gran efecto acumulativo durante largos períodos de tiempo, pudiendo tener como efecto la perturbación de las órbitas de los satélites o su uso como método de propulsión espacial mediante velas solares.

3.2.3. Viento y partículas solares

Además de la radiación electromagnética solar descrita en el apartado anterior, existen otros fenómenos de radiación provenientes del Sol como son el viento solar, las fulguraciones solares y las eyecciones de masa coronal.

El *viento solar* es un flujo direccional de plasma compuesto por partículas cargadas (principalmente electrones, protones y partículas alfa) con una energía de hasta 100 000 electronvoltios[5] *(E<100 keV)*. Estas partículas se mueven con una velocidad aproximada entre 400 km/s a 2 500 km/s. La densidad del flujo es de unas 50 partículas por cm^3 cerca de Mercurio y se diluye a un flujo de unas 0.2 partículas por cm^3 a la distancia de Júpiter. Dada la baja energía de las partículas en el viento solar, un equipo espacial en un satélite puede protegerse fácilmente frente a ella (Macdonald, 2014). El viento solar varía en densidad, temperatura y velocidad a lo largo del tiempo y en función de la latitud y la longitud solar. Estos flujos continuos de plasma liberado desde la corona del Sol pueden causar múltiples efectos como: colas de cometas que siempre apuntan en dirección contraria al Sol; auroras, que son el resultado de las perturbaciones en la magnetosfera causadas por el viento solar; y tormentas geomagnéticas que pueden destruir redes de energía en la Tierra.

Estas tormentas geomagnéticas solares pueden durar horas o incluso días y consisten en un flujo de electrones, protones e iones que llegan a la Tierra unos días después de un incremento en la presión del viento solar. El tiempo de llegada a la Tierra de dichas partículas está dado por la distancia Sol-Tierra y la velocidad v que depende de la energía E y masa m de cada partícula. Para calcular el tiempo de llegada a la Tierra de partículas masivas, se recuerda que la *energía (relativista) E* es (Jackson 1999):

$$E = \gamma mc^2, \tag{3.11}$$

donde γ es el *factor de Lorentz* dado por:

$$\gamma = \frac{1}{\sqrt{1 - \frac{v^2}{c^2}}}. \tag{3.12}$$

También es interesante (y útil para los próximos apartados) observar que en la ecuación 3.11 la energía no es cero para una partícula con masa que se encuentre en reposo. Cuando $v = 0$ (y $\gamma = 1$ dada por la ecuación 3.12) se obtiene la conocida como *energía en reposo:*

$$E_0 = mc^2. \tag{3.13}$$

---

[5]El *electronvoltio* (eV) es una unidad de energía igual a 1.602×10^{-19}J (julios). Por definición, es la cantidad de energía cinética que adquiere un electrón (o cualquier partícula cargada con una unidad de carga electrónica) al atravesar una diferencia de potencial de un voltio en el vacío. El electronvoltio se utiliza comúnmente con los prefijos kilo, mega, giga, tera, o peta (keV, MeV, GeV, TeV y PeV, respectivamente). Por lo tanto, un keV significa un kilo electronvoltio y es igual a 1 000 eV.

La energía en reposo es igual a la masa de una partícula multiplicado por c^2. La diferencia entre la energía y la energía en reposo es denominada como la *energía cinética*[6]

$$E_{cinética} = mc^2(\gamma - 1). \tag{3.14}$$

El campo magnético solar es parte del plasma y fluye hacia afuera con el viento solar. Debido a la combinación de rotación solar y el movimiento del plasma hacia el exterior, el campo magnético solar forma una *espiral de Arquímedes* (o también llamada *espiral de Parker*). Este plasma rotatorio actúa también como una barrera para las partículas cargadas de baja energía que provienen desde fuera de nuestro sistema solar, como son los rayos cósmicos descritos en el apartado 3.2.5.

Aparte del viento solar, que se produce de manera continua, existen dos tipos de eventos solares que se conocen como:

- *fulguraciones solares* y

- *eyecciones de masa coronal.*

Estos eventos son impulsivos o transitorios, y consisten en la emisión transitoria de partículas cargadas y ondas electromagnéticas.

Las *fulguraciones solares* (*solar flares*) son emisiones fuertes y repentinas de partículas cargadas con $E > 100$ keV que producen también radiación electromagnética en todas las longitudes de onda del espectro electromagnético. Las fulguraciones solares pueden liberar una energía de hasta 10^{25} J. La mayoría de las fulguraciones suceden en las regiones activas asociadas a manchas solares, donde emergen intensos campos magnéticos de la superficie del Sol hacia la corona (Tipler & Llewellyn 2012). Las

---

[6]Para entender por qué se habla de energía cinética es necesario desarrollar la raíz cuadrada de la ecuación 3.11 en una serie de Taylor:

$$E_{cinética} = mc^2 \left(1 + \frac{1}{2}\frac{v^2}{c^2} + \frac{3}{8}\frac{v^4}{c^4} + ... \right) - mc^2 = \frac{1}{2}mv^2 + \frac{3}{8}\frac{mv^4}{c^2} + ...$$

Para $v \ll c$ y si se desprecian los términos más altos, puede apreciarse que el primer término a la derecha de la segunda igualdad es la expresión de la energía cinética de la mecánica newtoniana.

Figura 3.5: Una violenta eyección de masa coronal en el Sol se produce cuando las fuerzas magnéticas superan la gravedad solar. Este fenómeno eleva una enorme masa de plasma solar de la corona y crea una onda de choque que acelera algunas de las partículas del viento solar hasta alcanzar altas energías. Ésto a su vez genera radiación en forma de partículas energéticas; (adaptado de ESA/NASA/SOHO).

fulguraciones solares tienen duraciones de minutos. La frecuencia de estos sucesos varía en función de la actividad solar y puede oscilar entre varias fulguraciones en un día a menos de un evento por semana.

Las fulguraciones solares están consideradas precursoras de las *eyecciones de masa coronal* (*coronal mass ejection*). El tamaño de estos eventos puede ser más grande que el tamaño del Sol, como se puede apreciar en la figura 3.5. Estas eyecciones de masa coronal ocurren principalmente cuando la actividad solar es máxima.

Las eyecciones de masa coronal emiten principalmente electrones y protones con energía por encima de los centenares de MeV y ondas electromagnéticas de alta energía. El tiempo de llegada a la Tierra de las ondas electromagnéticas que viajan a la velocidad de la luz es de 500 segundos, mientras que las partículas necesitan varios días en llegar a la Tierra y el tiempo depende de su energía cinética (véase ecuación 3.14) y de su masa (Tipler & Llewellyn 2012).

Los flujos de fulguraciones solares y eyecciones de masa coronal pueden variar de intensidad por muchos órdenes de magnitud y los satélites requieren de gruesos escudos para protegerse de ellas. Estos eventos solares causados principalmente por una mayor actividad solar podrían ocasionar graves daños a las naves espaciales. Las partículas cargadas de muy alta energía y con intensidades elevadas podrían destruir la electrónica de cualquier satélite y desactivar los sistemas más importantes. Además, estos eventos solares pueden producir grandes cantidades de radiación que pondrían en peligro la salud de los astronautas. Por todo ello, el periodo ideal para realizar una misión es cuando el ciclo solar está cerca del mínimo, de forma que el nivel de radiación por estos eventos repentinos sea menor y se minimice la probabilidad que uno de estos eventos coincida temporal y direccionalmente con la misión. Finalmente, es recomendable realizar vuelos espaciales de corta duración puesto que la probabilidad de que tenga lugar un flujo extremo de partículas en una misión de unos pocos días es mínima comparada con misiones interplanetarias de larga duración.

3.2.4. Cinturones de radiación de Van Allen

Se denominan *cinturones de radiación de Van Allen* a dos extensas zonas de acumulación de electrones y protones que se encuentran alrededor de la Tierra con forma de donut deformado (véase figura 3.6). Estas regiones toroidales son efectos secundarios del viento solar. En ellas, las partículas energéticas cargadas se mantienen atrapadas por el campo magnético de la Tierra.

El *cinturón interior* es el más energético, componiéndose de *protones* de energía desde 100 keV hasta 100 MeV (Macdonald, 2014). El cinturón interior está situado a una altitud de entre los 1 000 km y los 6 000 km medidos desde la superficie de la Tierra, excepto en el Atlántico Sur. En esta región situada frente a las costas de Brasil (30° S y 45° O) el campo magnético presenta una distorsión que permite la penetración de los protones del cinturón de radiación a alturas inferiores. Esta zona, en la que la radiación es apreciable desde una altitud de 250 km, se conoce como *Anomalía del Atlántico Sur* (*South Atlantic Anomaly*). Esta anomalía afecta a todas las misiones espaciales cuya órbita es baja y tiene una inclinación orbital superior a los 30°, como es el caso de la estación espacial internacional. De hecho, la

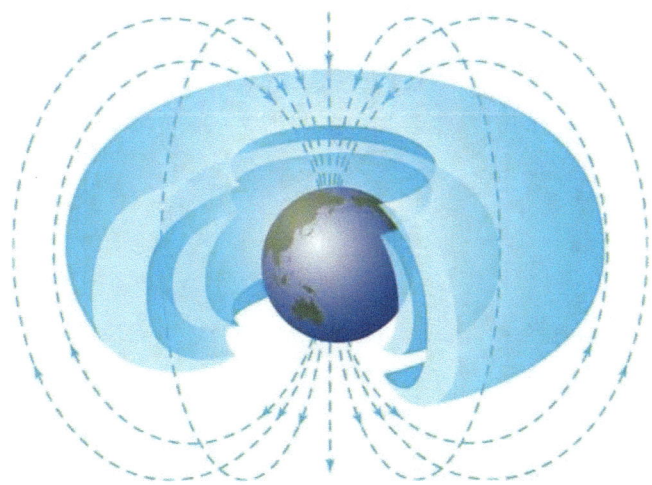

Figura 3.6: Los cinturones de radiación terrestres son zonas de acumulación de partículas cargadas de alta energía, la mayoría de las cuales tienen su origen en el viento solar, que son capturadas y mantenidas alrededor de la Tierra por el campo magnético terrestre. La Tierra tiene dos de estos cinturones de forma permanente, pudiendo aparecer temporalmente otros cinturones. El cinturón interior esta compuesto principalmente por protones energéticos y el cinturón exterior está formado principalmente por electrones; (adaptada de NASA).

mayor parte de la radiación recibida por esta estación se debe a esta anomalía.

El *cinturón exterior* tiene principalmente *electrones* de energía desde 100 keV hasta 10 MeV y está situado en una altitud entre 13 000 km y 60 000 km. Existe adicionalmente un tercer cinturón de electrones que fue observado en 1991 y está localizado entre el primer y segundo cinturón.

Los cinturones de radiación de Van Allen pueden ocasionar un aporte de radiación excesiva para los componentes electrónicos y los astronautas durante una misión, por lo que se requiere gruesos escudos para protegerlos. Otra opción para preservar el buen funcionamiento de los componentes electrónicos es la desconexión de los mismos cuando se atraviesa las zonas con mayor radiación. También existe la posibilidad de minimizar la radiación eligiendo trayectorias donde la intersección con los cinturones de Van Allen sea lo más pequeña y rápida posible o se evite del todo.

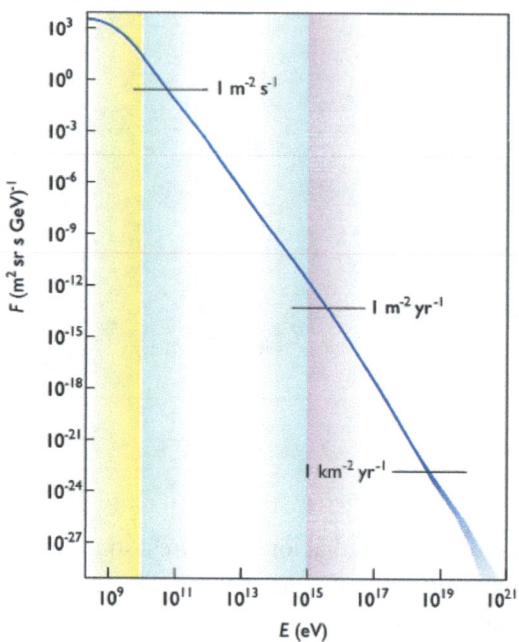

Figura 3.7: Flujo de partículas de rayos cósmicos que impactan sobre el límite superior de la atmósfera de la Tierra, F, en función de su energía, E, que se extiende por más de 11 órdenes de magnitud. El flujo medido tiene una pronunciada dependencia con la energía y abarca 30 órdenes de magnitud. El flujo para las energías más bajas (zona amarilla) se atribuye principalmente a los rayos cósmicos solares, las energías intermedias (azul) a los rayos cósmicos galácticos, y las energías más altas (púrpura) a los rayos cósmicos extragalácticos; (adaptada de Wikimedia, S. Lafebre, A. de Angelis & S. Swordy).

3.2.5. Rayos cósmicos

Los *rayos cósmicos* son partículas, antipartículas y fotones de muy alta energía que llegan isotrópicamente a la Tierra tras propagarse por el espacio. Los rayos cósmicos proceden de fenómenos astrofísicos violentos, tales como, por ejemplo: fulguraciones solares, explosiones de supernovas[7] y objetos extragalácticos. Estos rayos cósmicos pueden ser acelerados hasta alcanzar grandes energías bien por la fuente emisora o por el entorno en el

---

[7]Las supernovas son explosiones estelares que producen destellos de luz intensos que pueden durar desde varias semanas a varios meses. La explosión de una supernova provoca la expulsión de las capas externas de la estrella, enriqueciendo el espacio que la rodea con fotones, partículas e iones de alta energía.

que se mueven y presentan un amplio rango de energía.

En la figura 3.7 se muestra el flujo combinado de todos los núcleos atómicos que impactan sobre el límite superior de la atmósfera de la Tierra en función de su energía. Se puede apreciar que este flujo de partículas de rayos cósmicos abarca 30 ordenes de magnitud y tiene una pronunciada dependencia con la energía, alcanzando energías de más de 10^{20} eV. Esta energía es equivalente a la que tiene una pelota de tenis que se mueve a unos 100 km/h, pero concentrado en una sola partícula atómica. Por lo tanto, los rayos cósmicos alcanzan energías que superan en varios órdenes de magnitud las que se consiguen en los más potentes aceleradores de partículas, como el Gran Acelerador de Hadrones de la Organización Europea de Investigación Nuclear (CERN). La dependencia de la energía del flujo de los rayos cósmicos medidos por varios observatorios (véase figura 3.7) está dada por:

$$\frac{\mathrm{d}N}{\mathrm{d}E} \sim E^{-\alpha}, \tag{3.15}$$

donde $\frac{\mathrm{d}N}{\mathrm{d}E}$ es el flujo (unidad: partículas/(m^2 s sr GeV), E es la energía y α es el índice espectral.

La ecuación 3.15 se presenta como una ley de potencias que se extiende por más de 11 órdenes de magnitud en la energía, desde energías de 10^9 eV (= 1 GeV) hasta a energías superiores a los 10^{20} eV. El índice espectral de está ley de potencia es aproximadamente constante, sin embargo, exhibe cambios pequeños a energías bien definidas.

- A bajas energías, donde alrededor el 74 % de los núcleos primarios son protones, el índice espectral α es 2.7 (PDG 2020, Grupen 2005).

- En energías alrededor de $E \approx 10^{15}$ eV el índice espectral cae hacia $\alpha = 3$ y se designa como *rodilla* (*knee*).

- Un segundo cambio del índice espectral con $\alpha = 3.3$ aparece para energías $E \approx 10^{17}$ eV y se denomina como la *segunda rodilla* (*second knee*).

- Finalmente, en las más altas energías se percibe un endurecimiento del espectro hacia $\alpha = 2.7$ en energías $E \approx 10^{18}$ eV que se denomina como el *tobillo* (*ankle*).

En cuanto a su origen, los rayos cósmicos más abundantes y de más bajas energías ($<10^{10}$ eV) proceden de nuestro propio Sol. Los de energías intermedias (de 10^{10} eV hasta 10^{15} eV) provienen principalmente de nuestra galaxia y los de energías más altas ($>10^{15}$ eV) tienen un origen extragaláctico, procedentes probablemente de los núcleos activos de otras galaxias[8]. Por lo tanto, aparte de las partículas asociadas a las fluguraciones solares, el resto de rayos cósmicos provienen de fuera del sistema solar. El flujo y el espectro para rayos cósmicos de energías de más 10^{10} eV se ha mantenido constante durante largos periodos de tiempo. Por el contrario, el flujo y el espectro para rayos cósmicos de bajas energías ($<10^{10}$ eV) varían con el tiempo. Este flujo y su distribución de energía están modulados por el ciclo solar de 11 años. El flujo de las partículas cargadas que entran el sistema solar está modulado por el viento solar, el plasma magnetizado en expansión generado por el Sol (véase espiral de Arquímedes o de Parker en apartado 3.2.3), que desacelera y apantalla parcialmente los rayos cósmicos galácticos de menor energía.

Hay una significativa anticorrelación entre la actividad solar y el flujo de los rayos cósmicos con energías por debajo de unos 10^{10} eV. Además, los rayos cósmicos cargados de bajas energías están afectados por el campo magnético de la Tierra, que deben penetrar para alcanzar la parte superior de la atmósfera. Por lo tanto, el flujo recbido por cualquier componente debido a la radiación cósmica del orden de 10^{9} eV depende tanto del lugar como del tiempo (PDG 2020).

Al llegar a la Tierra los rayos cósmicos menos energéticos son absorbidos por las capas altas de la atmósfera. Mientras que las partículas cósmicas más energéticas penetran en la atmósfera interaccionando con sus átomos, produciendo lo que se denominan *cascadas* (o también *lluvias*) *atmosféricas extensas* (*extensive air showers*). Estas cascadas de partículas que se propagan en la atmósfera son partículas producidas por la colisión de un rayo cósmico de alta energía (generalmente un protón) con un núcleo de la atmósfera (PDG 2020, Grupen 2005). Éstas partículas secundarias que se

---

[8]Las galaxias normales contienen estrellas que son generalmente similares a las estrellas en nuestra galaxia. Sin embargo, las galaxias con un núcleo activo muestran una emisión adicional de radiación electromagnética de alta energía debido a una región compacta en su centro. En algunos casos, esta región central emite chorros de partículas de altas energía que se extienden por grandes distancias. El escenario más probable para explicar estos fenómenos es la presencia de un agujero negro supermasivo que convierte la energía gravitatoria del material que cae en el agujero negro en radiación de alta energía.

propagan en la misma dirección y con menor energía que la partícula primaria, colisionan contra otros núcleos atmosféricos y provocan una serie de colisiones adicionales, que producen nuevas partículas que repiten el proceso múltiples veces. Así se forman las cascadas atmosféricas extensas con diferentes números de partículas que dependen de la energía del rayo cósmico primario. El número de las partículas secundarias puede variar entre algunos millares hasta un número enorme de 10^{15} o incluso mayor (véase también apartado 3.3.7 para una explicación de evolución de cascadas en materiales). Dada la elevada energía de los rayos cósmicos, algunas de las partículas secundarias logran atravesar toda la atmósfera, produciendo un fondo de radiación a nivel del mar, suficiente para obtener una dosis aproximadamente de 0.3 mSv (véase el apartado 3.4.1 para el significado de esta unidad). Esta dosis aumenta con la altitud. Por esta misma razón los pilotos, usuarios frecuentes de viajes aéreos, y, naturalmente, los astronautas están expuestos niveles de radiación más elevados. Debido al daño que pueden infligir a los dispositivos de los satélites y a los astronautas que están fuera de la protección de la atmósfera y campo magnético de la Tierra, los rayos cósmicos necesitan ser estudiados cuidadosamente, especialmente para misiones de larga duración. Debido a las altas energías de los rayos cósmicos, es muy improbable que los equipos electrónicos de los satélites y los astronautas puedan ser protegidos eficientemente. Sin embargo, los rayos cósmicos de mayor energía tienen un bajo flujo, por ejemplo, el flujo integral para energías $E \approx 10^{15}$ eV es menor a 1 partícula por m^2 por año (véase figura 3.7). Esto significa que un satélite del tamaño típico sufrirá de media unos pocos de estos eventos durante su misión.

Para finalizar este apartado, es interesante mencionar que Victor Franz Hess fue el primer físico (en 1911 con vuelos en globo) en demostrar que las cascadas atmosféricas extensas aumentan proporcionalmente con la altitud y concluyó correctamente que las partículas proceden del espacio exterior (Grupen 2005). Más detalles sobre la producción de cascadas en materiales se puede encontrar en el apartado 3.3.7 y sobre los efectos de radiación en el cuerpo humano se presentarán en el apartado 3.4.3.

3.2.6. Resumen de fuentes de radiación

En la figura 3.8 se presentan los flujos de radiación de diferentes fuentes en función de la energía en el intervalo comprendido entre 10^{-4} MeV y

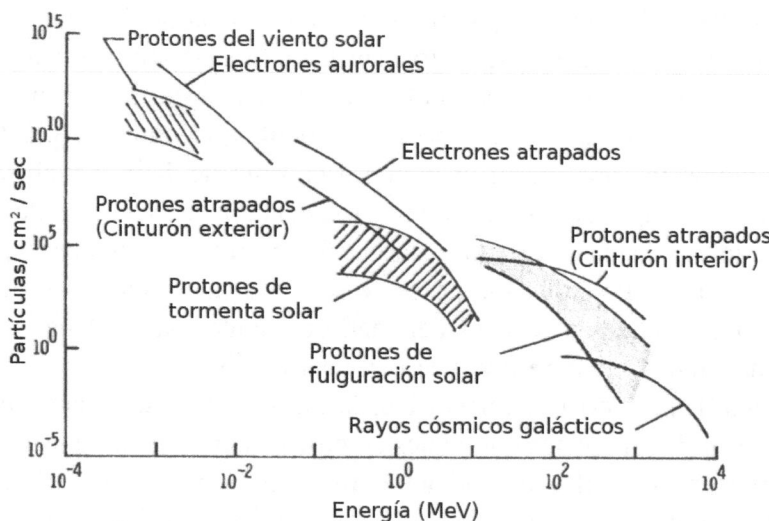

Figura 3.8: Flujos de partículas provenientes de las diferentes fuentes de radiación que existen en el espacio exterior en función de su energía considerados en los apartados 3.2.1 a 3.2.5. Los rayos cósmicos son las partículas más energéticas y tienen flujos de unos órdenes de magnitud menores que los flujos de otras fuentes. Naturalmente, algunos de estos flujos están sujetos a variaciones temporales y espaciales. El amplio espectro de energías observado en el flujo de partículas es debido a la gran variedad de fuentes y al campo magnético terrestre; (adaptada de Schimmerling & Curtis 1978).

10^4 MeV. Los flujos de radiación en el espacio exterior de las diferentes fuentes que se han mencionado en los últimos apartados tienen una pronunciada dependencia con su energía y abarcan muchos órdenes de magnitud. Se consideran los flujos de radiación que surgen tanto de dentro como de fuera del sistema solar. También se muestran los flujos de electrones y protones que existen en los anillos de Van Allen. Se puede ver que las partículas de los rayos cósmicos (que están compuestos principalmente de protones y partículas alfa) son de más altas energías, pero con flujos relativamente bajos en comparación con los de otros componentes.

Naturalmente, como se ha comentado en los apartados anteriores, algunos de estos flujos están sujetos a variaciones temporales y espaciales. Por ejemplo, están representados como bandas de flujos los eventos solares repentinos que generan variaciones de espectros y cambios de flujos en muchos órdenes de magnitud. También se ha comentado que los anillos de Van Allen son dos regiones toroidales de electrones y protones que se encuentran alrededor de la Tierra. Los flujos de la radiación presentados en la figura 3.8 tienen unidades de partículas/(cm^{2}s) y el rango de energía se extiende en un intervalo de más de 8 órdenes de magnitud. Este amplio espectro de energías observado en el flujo de radiación en el espacio exterior es debido a la gran variedad de fuentes. También se puede consultar la documentación de SPENVIS (Heynderickx, 2004) y su página web (https://www.spenvis.oma.be/) para obtener los modelos de los flujos presentados en este apartado.

Una vez presentadas las diferentes fuentes de radiación, a continuación se detalla la interacción de la radiación con el material de un satélite. Para ello se parte de una descripción general de las partículas que atraviesan la materia, donde las partículas interactúan con el material a través de determinadas fuerzas, y se presentan los procesos resultantes.

3.3. Partículas que atraviesan la materia

Las interacciones de las partículas con los materiales de la naves espaciales pueden tener efectos negativos, desde daños prácticamente instantáneos a daños acumulativos a largo plazo en los dispositivos. Estos daños son debidos, o bien a desplazamientos de los átomos, o bien a transferencia de energía y sucesivo calentamiento. Por lo tanto, el conocimiento de las interacciones entre partículas y materia es esencial para diseñar nuevos satélites y para minimizar los efectos negativos para los dispositivos y la tripulación. Este apartado proporciona una introducción básica a las interacciones entre radiación y materia para estudiantes e investigadores que quieren trabajar en este campo apasionante. A continuación se especifican los variados mecanismos de pérdida de energía de los diferentes tipos de partículas que pasan a través de la materia. Estos mecanismos varían dependiendo de tipo, energía y material que las partículas atraviesan. El objetivo es transmitir un entendimiento general de los procesos físicos más importantes. Hay que señalar que, aunque las partículas de interés para la radiación en el espacio exterior son esencialmente electrones, protones, iones pesados y fotones de orígenes diversos y con un muy amplio espectro de energías, en este apartado se presenta una descripción que es válida para todas las partículas que se conocen.

3.3.1. Interacciones de las partículas con la materia

Las interacciones de las partículas con la materia implican colisiones de las partículas que constituyen la radiación con los átomos que componen un determinado material. La radiación (que está en movimiento) penetra en la materia (que está en reposo) interaccionando con ella y perdiendo parte o toda su energía. Las partículas que se propagan por el material ceden energía mediante distintos mecanismos de interacción que dependen esencialmente del tipo y energía de la radiación, y de las propiedades del material que atraviesan. Estos procesos de interacción de la radiación con la materia son la causa de los efectos producidos por las radiaciones en las naves espaciales que se especificarán en el apartado 3.4.

La radiación se divide en *radiación ionizante* y *radiación no ionizante* según su poder para ionizar la materia. Ionizar la materia significa la capacidad para separar completamente a un electrón del átomo. Las energías típicas para ionizar materia son del orden de diez electronvoltios ($\sim$10 eV). La característica básica de la radiación ionizante es que tiene la energía suficiente para extraer el electrón de su estado ligado con el átomo y producir la ionización de átomos. La radiación ionizante se puede explicar como el depósito de energía a través de interacciones electromagnéticas entre partículas cargadas (o fotones) y electrones orbitales de los átomos en el material. Esta radiación ionizante existe también cuando una partícula neutra con cierta energía colisiona con una partícula del átomo y le transmite toda o parte de su energía. Se añade que experimentalmente se ha confirmado que la ocurrencia de la ionización depende de la energía de las partículas o radiación electromagnéticas individuales, y no de la intensidad del flujo.

Por el contrario, las partículas de la radiación no ionizante solo pueden provocar movimientos colectivos de los electrones en el material sin cambios significativos, debido a que no tienen suficiente energía para cambiar la estructura atómica y no son capaces de arrancar electrones del átomo. Este tipo de radiación incluye la radiación electromagnética de baja energía, que comprende los niveles hasta del orden de eV, que equivale aproximadamente a la luz visible. La radiación no ionizante solo tiene la energía suficiente para cambiar las configuraciones de rotación y vibración o como mucho excitar los electrones en los átomos y moléculas. Esta radiación no ionizante produce principalmente efectos térmicos.

La interacción entre un material y la radiación depende fundamentalmente de su carga eléctrica y su masa. Por eso conviene separar los tipos de radiación en cuatro grupos según su interacción con la materia:

1. Partículas sin carga y sin masa (fotones).

2. Partículas sin carga y con masa (neutrones, neutrinos[9] y otras partículas).

3. Partículas cargadas ligeras (electrones y positrones[10]).

4. Partículas cargadas pesadas (protones, iones y otras partículas).

Teniendo en cuenta la propagación de la radiación en un material, se puede decir que las partículas cargadas interaccionan de forma continua con el material. La interacción electromagnética entre la carga eléctrica de las partículas con los electrones y núcleos del material son de modo continuo. Las partículas cargadas pesadas interaccionan sufriendo múltiples colisiones perdiendo, por lo general, una pequeña fracción de su energía en cada una de sus colisiones y se propagan con pequeñas desviaciones en linea recta a través de la materia. Además, si se trata de partículas cargadas de baja energía, éstas interaccionan principalmente a través de fuerzas electromagnéticas con los electrones orbitales y raramente a través de la fuerza fuerte con los núcleos (véase apartado 3.3.2). Comparado con las partículas cargadas pesadas, las partículas cargadas ligeras siguen un camino más tortuoso, dado que su masa es igual a la de los electrones orbitales con los que colisionan.

Al contrario que con las partículas cargadas, los fotones y neutrones pueden atravesar un cierto espesor de material sin sufrir ninguna interacción o teniendo un número relativamente pequeño de interacciones. Estos procesos estocásticos son discretos y esporádicos donde la partícula puede perder toda o una parte importante de su energía. Por ejemplo, debido que los neutrones no tienen carga, tienen mayor penetración en un material que otras partículas cargadas. Los neutrones interaccionan únicamente con los núcleos atómicos

---

[9]El neutrino es una partícula fundamental sin carga y con una masa diminuta.

[10]El positrón o también llamado antielectrón es la antipartícula del electrón.

del material, donde la interacción es de corto alcance (10^{-15} m) con una baja probabilidad de interacción. Para concluir, se recuerda que todas las partículas conocidas tienen diferentes procesos de interacción con una fuerte dependencia energética.

En los próximos apartados, estos comentarios cualitativos se justificarán empleando conceptos físicos respaldados con ecuaciones. En el apartado 3.3.4 se comentará brevemente el comportamiento de los neutrones que atraviesan un material. En el apartado 3.3.5 se ofrece una explicación de la interacción de los fotones con la materia. En el apartado 3.3.6.5 se presentan las interacciones de las partículas cargadas pesadas con un material, y en el apartado 3.3.6.7 se mencionan los procesos de interacción más importantes de las partículas cargadas ligeras con la materia.

3.3.2. Fuerzas fundamentales

Se conocen cuatro interacciones (también denominadas fuerzas) fundamentales (ver tabla 3.1):

1. la electromagnética,

2. la nuclear fuerte,

3. la nuclear débil y

4. la gravitatoria.

Las tres primeras interacciones son las que se pueden considerar como relevantes al nivel de las partículas, ya que la intensidad de la interacción gravitatoria entre partículas es completamente despreciable en comparación con las otras tres interacciones. Esto es debido al bajo valor de las masas de las partículas. Por ejemplo, se puede comprobar que la fuerza gravitatoria entre un protón y un electrón es 10^{39} veces más pequeña que la fuerza electromagnética.

La interacción electromagnética afecta a todas las partículas que poseen carga eléctrica y es la más importante para determinar los efectos de la radiación con la materia y con el espacio exterior.

La interacción fuerte actúa a nivel del núcleo y es responsable de la unión entre protones y neutrones dentro del núcleo del átomo. Para distancias nucleares (10^{-15} m) su intensidad es mucho mayor que la electromagnética, pero se vuelve despreciable para separaciones atómicas (10^{-10} m).

La interacción débil es la de menor fuerza de las tres y es responsable de ciertos decaimientos nucleares, como la desintegración beta[11].

Las cuatro fuerzas fundamentales junto con algunas de sus propiedades se representan en la tabla 3.1. En la tabla se muestra que la fuerza gravitatoria es muy débil en comparación con las otras tres fuerzas y afecta a todas las partículas. La interacción débil se acopla a partículas con carga *sabor*[12] que los físicos denominan *quarks*[13] y *leptones*[14] y es responsable de que las partículas se desintegren. Su intensidad es menor que la intensidad de la electromagnética y es la única fuerza que puede cambiar el *sabor* de las partículas. La interacción electromagnética actúa entre partículas con carga eléctrica. La interacción fuerte permite que los protones y neutrones se unan en el núcleo atómico. Los físicos teóricos han desarrollado teorías que están contrastadas experimentalmente para cada una de las fuerzas fundamentales denominadas: relatividad general, teoría electrodébil, electrodinámica cuántica y cromodinámica cuántica, respectivamente (Griffiths 1987).

3.3.3. Probabilidad de interacción y sección transversal

Tal y como se ha especificado anteriormente, los diferentes tipos de partículas tienen distintos mecanismos de interacción que dependen de su energía y del material atravesado. Estas interacciones causan la pérdida de energía de la partículas que atraviesan el material y generan efectos medibles. La pregunta que vamos a responder ahora es: ¿cómo se calcula la probabilidad de interacción de una partícula incidente con un material? O más específicamente, ¿cómo se calcula la probabilidad de la interacción electromagnética de una partícula cargada con una energía dada que atraviese

---

[11]La desintegración beta o el decaimiento beta es un proceso que se define como la desintegración nuclear radiactiva en la que se emite una partícula beta (electrón o positrón) y un neutrino. Por ejemplo, el decaimiento beta de un neutrón lo transforma en un protón por la emisión de un electrón acompañado de un antineutrino.

[12]Se denomina *sabor* al atributo que distingue una partícula elemental a otra. Se dice que los *quarks* se presentan en seis *sabores*: arriba, abajo, extraño, encantado, fondo y cima.

[13]Los *quarks* son los constituyentes fundamentales de los protones y neutrones. Existen seis tipos de *quarks*, cada uno con su *sabor*, su carga eléctrica y su masa.

[14]Los *leptones* son partículas elementales como el electrón, el muón y los neutrinos.

Interacción	Partículas afectadas	Alcance [m]	Fuerza relativa	Teoría
Gravitatoria actúa entre objetos con masa	Todas las partículas	infinito	$\sim 10^{-40}$	Relatividad general
Débil gobierna el decaimiento de partículas	Partículas con carga *sabor*	corto alcance $\sim 10^{-15}$	$\sim 10^{-5}$	Teoría electrodébil
Electromagnética actúa entre partículas de carga eléctrica	Partículas con carga eléctrica	infinito	$\sim 10^{-2}$	Electro-dinámica cuántica
Fuerte une los núcleos y quarks	Partículas con carga *color*	corto alcance $\sim 10^{-18}$	1	Cromo-dinámica cuántica

Tabla 3.1: Algunas propiedades de las cuatro fuerzas fundamentales. La fuerza gravitatoria es muy débil y afecta a todas las partículas, incluso a las desprovistas de masa como el fotón. La interacción débil se acopla a un tipo de carga llamada *sabor*, que poseen unas partículas que los físicos denominan *quarks* y *leptones*. Esta interacción es responsable de que las partículas decaigan, como en el caso de la desintegración beta (véase el texto). La interacción electromagnética actúa entre partículas con carga eléctrica. La interacción fuerte permite que los protones y neutrones en el núcleo atómico se unan. El alcance y fuerza relativa para las cuatro interacciones se especifican en las columnas tres y cuatro, respectivamente. Los físicos han desarrollado teorías que están contrastadas experimentalmente para cada una de las cuatro fuerzas fundamentales, que están nombradas en la quinta columna.

un material específico? Para calcular esas probabilidades se necesita el concepto de la *sección transversal* (*cross section*), que se presenta en el apartado 3.3.3.2. La sección transversal es proporcional a la probabilidad de que una interacción entre dos partículas ocurra y se denomina a menudo también *sección eficaz*. Antes de introducir el concepto de la sección transversal, se presentarán los fenómenos que aparecen en la interacción entre un flujo de partículas y la materia (transmisión, absorción y dispersión).

3.3.3.1. Transmisión, absorción y dispersión

Cuando un flujo de partículas incidente atraviesa un material, encuentra los núcleos y los electrones que constituyen los átomos de dicho material. Estos objetos perturban el flujo de partículas incidente. Una primera parte del flujo incidente puede pasar a través del material sin ningún cambio, lo que se llama *transmisión*. Una segunda parte del flujo incidente puede cambiar de dirección con o sin cambio de energía (o frecuencia), lo que se denomina *dispersión*. Y una tercera parte del flujo puede desaparecer transfiriendo toda su energía a la materia, proceso que se llama *absorción*. Tanto la dispersión como la absorción eliminan parte del flujo incidente y producen una atenuación del flujo incidente.

Se puede clasificar la dispersión como *dispersión elástica* o *inelástica*. La *dispersión elástica* es un tipo de colisión donde la partícula incidente interacciona con los átomos de la materia, desviando su trayectoria sin transferencia de energía. En este caso se cumple la conservación de la cantidad de movimiento y de energía. No se produce alteración atómica ni nuclear en el material atravesado[15]. Por el contrario, la *dispersión inelástica* es un tipo de colisión donde la partícula interacciona con los átomos transfiriendo a éstos una cantidad de energía. La energía transferida puede provocar que un electrón atómico escape de la atracción del núcleo produciendo la ionización del átomo, o que un electrón atómico pase a un estado menos ligado produciéndose, en este caso, la excitación del átomo. La ionización de un átomo es producida por partículas u ondas electromagnéticas suficientemente energéticas (del orden de más de 10 eV) que son capaces de separar electrones de los átomos del material, produciendo iones.

Para estos procesos mencionados se puede dar una descripción matemática. El concepto que se usa es el de la probabilidad de interacción de un flujo de partículas (o número de partículas) idénticas con la materia.

Como se ilustra en la figura 3.9, se asume que hay un *flujo de partículas incidentes, I_{in},* (unidad: partículas/(cm^2 s)) que se propaga en la misma dirección hacia un blanco. Además, se define I_{col} como el *flujo de partículas que colisionan* con las partículas del blanco, donde el flujo de partículas que colisionan está compuesto por el flujo de partículas dispersadas y absorbidas.

---

[15]Un típico ejemplo de dispersión elástica es la fórmula de dispersión de Rutherford. Se calcula empleando solo la mecánica clásica y describe la dispersión elástica de partículas eléctricamente cargadas cuando inciden sobre un núcleo atómico con carga eléctrica.

Existe también un flujo de partículas que pueden atravesar el blanco sin ningún cambio y es nombrado como *flujo de partículas transmitidas*, I_{trans}. Este flujo transmitido es un flujo de partículas que ha *sobrevivido* al traspasar el blanco sin ser afectado y que sigue existiendo con las mismas características iniciales. Se asume que estos tres flujos están relacionados por la expresión:

$$I_{in} = I_{col} + I_{trans}. \tag{3.16}$$

Si se conoce el flujo de partículas incidentes I_{in} y se mide I_{trans} se obtiene la *probabilidad de transmisión*:

$$P_{trans} = \frac{I_{trans}}{I_{in}}. \tag{3.17}$$

También se puede medir la *probabilidad de colisión*:

$$P_{col} = 1 - P_{trans} = \frac{I_{col}}{I_{in}} \tag{3.18}$$

entre las partículas incidentes y las partículas del blanco. Estas probabilidades medidas experimentalmente representan la magnitud de interacción entre la partícula incidente y la partícula en el material. El número de partículas que colisionan o no, está afectado por el material y puede, naturalmente, depender del espesor x del blanco, ya que los flujos ($I_{trans}(x)$, $I_{col}(x)$) y probabilidades ($P_{trans}(x)$, $P_{col}(x)$) son funciones del espesor.

En el próximo apartado se va a profundizar en el concepto de la probabilidad de interacción. Se especificará que la sección transversal da una medida de la probabilidad de que ocurra una interacción entre partículas. Por ello se necesita encontrar la probabilidad de que la partícula entrante se disperse al interaccionar con las partículas del material.

3.3.3.2. Sección transversal

Considerando el problema del ámbito de la mecánica clásica, la sección transversal de dispersión es el área en la que puede impactar un proyectil en una colisión con una partícula del blanco. Esta sección transversal de dispersión se puede calcular y está relacionada con el tamaño geométrico visto por los proyectiles al aproximarse al blanco.

Para explicar el concepto de la *sección transversal* (*cross section*), se considera primero la analogía de un arquero que apunta a una diana.

Considérese un arquero que apunta con sus flechas a una diana, el parámetro de interés es el tamaño del blanco que está representado en nuestra analogía como la sección transversal (Griffiths 1987). Está analogía puede ser más representativa si se considera la imagen del *área de la sección transversal* como una corriente de flechas que se aproxima a la diana. Como se muestra en la figura 3.9, se puede igualmente utilizar otra analogía para explicar la dispersión de partículas elementales contra un blanco. Si se dispara una corriente de electrones a un tanque lleno de hidrógeno (principalmente una colección de protones), el parámetro de interés es el tamaño del protón, el área de la sección transversal que ofrece al flujo de partículas incidentes. En la figura 3.9 los electrones están representados por flechas y los protones están representados por los círculos en el material. En realidad, la situación es más complicada que en el tiro con un arco por varias razones. En primer lugar, el objetivo es "blando". La finalidad no es golpear los protones "físicamente" (como en una partida de billar donde las esferas son duras), sino que cuanto más cerca estén las partículas incidentes al centro de los protones, mayor es la desviación producida por la fuerza de interacción, que puede ser de larga distancia. En segundo lugar, la sección transversal depende de la naturaleza de la flecha y la estructura del objetivo. Por ejemplo, debido a las diferentes interacciones que tienen lugar cuando los objetivos en el tanque son protones, los electrones se dispersan más fuertemente que los neutrones y los neutrones más fuertemente que los neutrinos. Los electrones interactúan con los protones del tanque por la fuerza electromagnética, los neutrinos por la fuerza débil y los neutrones por la fuerza fuerte (Griffiths 1987). La idea de la *sección transversal* como una superficie asociada a las partículas del medio proporciona una clara *medida de la magnitud de una interacción*. Por ejemplo, las interacciones fuertes dan como resultado una gran sección transversal y las interacciones débiles una pequeña sección transversal.

Una interacción tiene lugar exactamente cuando el proyectil y las partículas en el material se tocan entre sí. Así, por ejemplo, la sección transversal σ de un objetivo esférico sólido de radio r está dada por $\sigma = \pi r^2$ (Griffiths 1987). La sección transversal tiene entonces unidades de un área. La típica unidad para la sección transversal es el barn (b) donde un barn es 10^{-28} m^2 (1 b = 10^{-24} cm^2). Sin embargo, al dispersar una partícula fuera de un objetivo, lo que se convierte en importante no es la colisión frontal (como

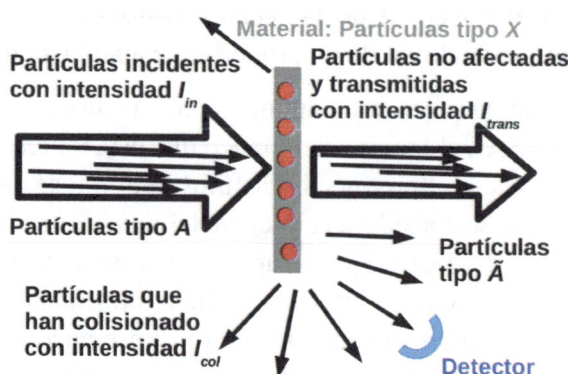

Figura 3.9: Las flechas representan las partículas incidentes con intensidad I_{in} que golpean las partículas en el material que están representados por círculos. El parámetro de interés es el tamaño de las partículas en el medio, que es el área de la sección transversal que ofrece al flujo de las partículas incidentes. Las partículas con intensidad I_{col} que han colisionado con las partículas del material se dispersan en todas las direcciones. También hay partículas que no están afectadas por el material con una intensidad I_{trans}. Se asume que el material estacionario esta compuesto de partículas de tipo X que están representado por círculos y es golpeado por un flujo de partículas de tipo A representado por flechas. En la mayoría de las veces el detector en un laboratorio solo mide una pequeña región del espacio, aquí representado por las partículas $\tilde{A}$ que se dispersan en una dirección dada.

entre pelotas macroscópicas) sino la interacción entre la partícula incidente y la partícula del medio.

La sección transversal tiene un significado estadístico y proporciona *una probabilidad* de que un proceso específico tenga lugar debido a una colisión entre dos partículas[16]. La sección transversal describe la probabilidad de que se produzca una interacción (electromagnética, débil, fuerte) dada. Cuando se calculan las secciones transversales en la física de partículas, la interacción entre las partículas puede ser descrita por las teorías fundamentales mencionadas anteriormente (electrodinámica cuántica,

---

[16]Incluso en la mecánica clásica, es fácil ver por qué la sección transversal tiene este significado estadístico, ya que en una colisión hay una cierta distribución (probabilística) de la distancia de impacto, que es la distancia entre la trayectoria de una partícula incidente y el centro de un objetivo. Por ejemplo, la sección transversal de Rutherford es, o bien, un cálculo teórico, o bien, una medida de probabilidad de que una partícula incidente sea desviada en un ángulo determinado durante una colisión con un núcleo atómico.

electrodébil y cromodinámica cuántica). Estas interacciones entre partículas puede ser compleja y difícil de entender y calcular. Normalmente, se usan diagramas de Feynman para dar una visualización de lo que de otra manera serían fórmulas abstractas. Un diagrama de Feynman es una representación gráfica para ayudar a calcular la sección transversal entre dos partículas. Por ejemplo, la ecuación 3.19 puede ser descrita gráficamente por un diagrama de Feynman. Una interacción entre dos partículas en general puede ser escrita como:

$$A + X \rightarrow \tilde{A} + \tilde{X}, \tag{3.19}$$

donde A es la partícula incidente (como un electrón, un protón, una partícula alfa, etc.) y X es una partícula del material. Mientras que $\tilde{A}$ es la partícula después de la dispersión (o absorción) y $\tilde{X}$ es la partícula del material después de la interacción. Los lectores que estén interesados en profundizar cómo calcular las secciones transversales entre partículas pueden dirigirse a la literatura especializada (Griffiths 1987). En el próximo apartado se describe el método para medir experimentalmente una sección transversal.

3.3.3.3. Determinación de la sección transversal en experimentos

Como ya se ha dicho, la sección transversal es una *medida de la probabilidad* de que un cierto proceso ocurra. Está totalmente especificada por la interacción que se esté considerando. Por lo tanto, surge la pregunta de cómo esta probabilidad se traduce en dispersiones que se puedan medir. Claramente, esta pregunta está relacionada con las condiciones del experimento. La cantidad experimentalmente interesante es la tasa (frecuencia) con la que se miden ciertas dispersiones de las partículas.

Como se ilustra en la figura 3.9 y se establece en la ecuación 3.19, considérese un experimento de laboratorio donde un material estacionario (compuesto de partículas de tipo X) es golpeado por un flujo de partículas de tipo A. Estas colisiones de partículas con el material estacionario pueden ser descritas asumiendo que I (unidad: partículas/(cm^2 s)) es el flujo de las partículas incidentes. El producto $\tilde{X}$ también será estacionario y solo un flujo de partículas de tipo $\tilde{A}$ escapará del material y podrá ser medido. Por lo tanto, se observará que las partículas dispersadas $\tilde{A}$ llegan a un detector que los mide con un caudal R (unidad: partículas/(cm^2 s)). Si hay n núcleos en el material por unidad de área (unidad: partículas/cm^2), la sección transversal σ (unidad: cm^2) puede ser relacionada con el caudal (frecuencia) R medido en un detector por la siguiente ecuación:

$$R = \sigma nI. \tag{3.20}$$

Por lo tanto, el caudal R de partículas que han colisionado, es proporcional a la densidad de los núcleos en el material y a la intensidad del flujo incidente, con una constante de proporcionalidad que se define como la sección transversal de las partículas con este material. Esta es la aproximación que se hace experimentalmente y que mide el físico experimental en su laboratorio. El trabajo del físico teórico es calcular la sección transversal partiendo de las teorías de las interacciones fundamentales que se han mencionado en el apartado 3.3.2, o, más específicamente, desde el *modelo estándar de la física de partículas*. Lo fascinante de la física teórica es que la sección transversal se puede calcular para todas las energías y partículas conocidas (o todavía partículas a descubrir) y coincide con alta fiabilidad con las medidas experimentales. Hasta la fecha, casi todas las pruebas experimentales de las tres interacciones descritas por el modelo estándar de la física de partículas están de acuerdo con sus predicciones teóricas. Sin embargo, también se han desarrollado teorías más allá del modelo estándar para explicar algunas de sus deficiencias y hacerlas consistentes con la teoría de la relatividad general de Einstein.

3.3.3.4. Sección transversal diferencial

Las partículas $\tilde{A}$ que han interaccionado se dispersan en todas las direcciones, pero la mayoría de las veces el detector en un laboratorio solo mide una pequeña región del espacio (véase figura 3.9). Por lo tanto, solo se puede medir el caudal de partículas R en una dirección dada, identificada por los ángulos θ y φ (Griffiths 1987). Lo que realmente se está midiendo es el número de partículas dispersas en el pequeño ángulo sólido $d\Omega$ con un caudal $R(\theta, \varphi)$. La sección transversal relevante es la *sección transversal diferencial* $d\sigma(\theta, \varphi)$ que se presenta de la siguiente forma

$$R(\theta, \varphi) = \frac{d\sigma(\theta, \varphi)}{d\Omega} nI4\pi. \tag{3.21}$$

Como se muestra en la figura 3.10, esta sección transversal diferencial $d\sigma(\theta, \varphi)$ esta definida como el elemento diferencial de área que proporciona la probabilidad de dispersión en el correspondiente elemento diferencial

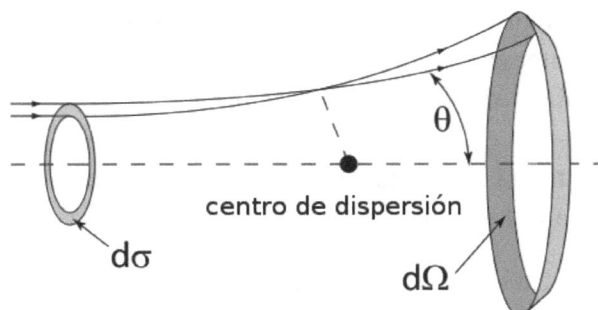

Figura 3.10: Esquema del proceso de dispersión. Las partículas que pasan por la área $d\sigma$ se dispersan en un ángulo sólido $d\Omega$ con un ángulo de dispersión θ; (Wikimedia).

de ángulo sólido $d\Omega$. Si la interacción es isótropa, no hay dependencia de φ y se escribe simplemente $d\sigma(\theta)/d\theta$. A partir de esta sección transversal diferencial se puede calcular la *sección transversal total* σ, definida anteriormente por la ecuación 3.20, integrando respecto al ángulo sólido $d\Omega$. Por ejemplo, la sección transversal total σ es la integración a lo largo de 4π radianes sobre toda la superficie de una esfera:

$$\sigma = \oint_{4\pi} d\Omega \frac{d\sigma(\theta,\varphi)}{d\Omega} = \int_0^\pi d\theta \sin\theta \int_0^{2\pi} d\varphi \frac{d\sigma(\theta,\varphi)}{d\Omega}. \qquad (3.22)$$

Se necesita aclarar que la sección transversal total σ (así como el caudal R medido) se refiere al conjunto de todas las interacciones posibles entre las partículas involucradas. Pero es también posible restringir el caudal R a eventos de una sección transversal específicos como $\sigma_{inelástica}$, $\sigma_{elástica}$, $\sigma_{electromagnética}$, σ_{fuerte}, $\sigma_{débil}$ y otras. Por lo tanto, la sección transversal total es la combinación de todas las secciones transversales existentes (Griffiths 1987)

$$\sigma = \sigma_{inelástica} + \sigma_{elástica} + \sigma_{electromagnética} + \sigma_{fuerte} + \sigma_{débil} + ..., \qquad (3.23)$$

o al menos el resultado medido es la combinación de las secciones transversales con magnitudes más importantes.

Para tener una primera estimación de la sección transversal y así la probabilidad de interacción entre un flujo de partículas y un material, hay que tener en cuenta lo siguiente:

- La sección transversal está dominada por la interacción más fuerte que sea común a todas las partículas participantes a una energía dada.

- Si un fotón está presente en una interacción, entonces la interacción fuerte no puede dominar. La interacción dominante es la electromagnética o la débil.

- Si un neutrino está presente en una interacción, entonces ni la interacción fuerte ni la electromagnética pueden dominar. La interacción dominante es la interacción débil.

3.3.3.5. Sección transversal doblemente diferencial

Algunas veces se quiere saber la energía de las partículas dispersadas, ya que este dato puede dar información sobre la densidad y la estructura del material o sobre la característica de la interacción entre el proyectil y el material. Así que cuando uno se interesa por la energía E de las partículas dispersadas, la cantidad que se mide es la sección transversal en función de la energía. Esto puede ser simplemente:

$$\frac{d\sigma(E)}{dE} \qquad (3.24)$$

si el detector es sensible solo a la energía y recoge partículas en cualquier dirección.

Si uno se interesa no solamente por la dirección a dónde se dirigen las partículas dispersadas, sino también por la energía E de dichas partículas, entonces la *sección transversal* es *doblemente diferencial* y se representa por:

$$\frac{d^2\sigma(\theta,\varphi,E)}{d\Omega\,dE}. \qquad (3.25)$$

En este caso, el detector del laboratorio debe ser sensible a una rango de energía y además recoger las partículas en una dirección dada.

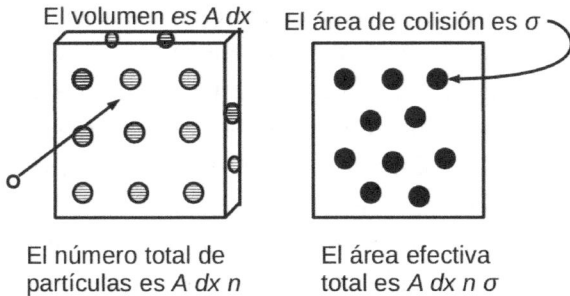

Figura 3.11: En el esquema se muestra cómo una partícula pasa por un material de volumen $A\,dx$, donde dx es el espesor y A es la superficie del material. Si se asume que n es el número de partículas por unidad de volumen, se obtiene el número total de partículas en el volumen que es $A \times dx \times n$. σ es el área de colisión (sección transversal) de cada partícula en el material vista por la partícula incidente. El área efectiva A_σ es la suma de la sección transversal σ de cada partícula individual en el material $A_\sigma = A \times dx \times n \times \sigma$ (adaptada de Feynman 2013).

3.3.3.6. Camino libre medio

Como se ha visto en el apartado 3.3.3.1, si se asume que hay un flujo de partículas idénticas que se propagan en la misma dirección hacia el material, se puede calcular experimentalmente la probabilidad de que haya una interacción entre las partículas incidentes I_{in} y las partículas en el material. Esta probabilidad, que depende de la posición x en el material, está representada como la *probabilidad de colisión* (véase ecuación 3.18):

$$P_{col}(x) = \frac{I_{col}(x)}{I_{in}}, \qquad (3.26)$$

donde $I_{col}(x)$ es el flujo (o número) de partículas que colisiona con las partículas del material.

También se puede describir matemáticamente la *probabilidad de colisión* usando el concepto de *camino libre medio* (que es derivado en la teoría cinética clásica). La probabilidad de colisión es proporcional al área efectiva del blanco (como la ve la partícula proyectil) en comparación con el área total de la región del material estacionario expuesta a un rayo.

Como se ha ilustrado en la figura 3.11, se asume que A es la superficie del material expuesto al rayo y A_σ es el área efectiva del material, que es la suma de la sección transversal σ de cada partícula individual en el material.

Se puede estimar la probabilidad de colisión P_{col} entre la partícula proyectil y las partículas del material estacionario que es $P_{col} = A_\sigma/A$ (Feynman 2013). También se puede calcular el número de las partículas en el material del blanco de un espesor dx, que se supone que es muy delgado. Esta cantidad es igual al producto de volumen total del blanco ($A \times dx$) con el número de partículas por unidad de volumen n (es decir $A \times dx \times n$). Así que el área efectiva es $A_\sigma = A \times dx \times n \times \sigma$, si se asume que hay un único tipo de interacción con una sección transversal fija. Como resultado se obtiene $P_{col} = A_\sigma/A = (A \times dx \times n \times \sigma)/A$ y esto significa que la *probabilidad de colisión* es:

$$P_{col}(\text{una colisión en } dx) = n \times \sigma \times dx. \tag{3.27}$$

La unidad de la probabilidad P_{col} es adimensional y se puede calcular con la ecuación 3.27 donde n es la densidad de átomos (unidad: partículas/m^3), σ es sección transversal (unidad: m^2) y dx es el espesor del blanco (unidad: m).[17]

Además, la probabilidad de colisión P_{col} esta relacionada también con el *camino libre medio,* que es la distancia media recorrida por la partícula del rayo antes de colisionar con las partículas en el blanco (Feynman 2013). Esta probabilidad de colisión que se presentará en la ecuación 3.36 puede definirse también como:

$$P_{col}(\text{una colisión en } dx) = \frac{dx}{\lambda}, \tag{3.28}$$

donde λ es camino libre medio (unidad: m). Usando las ecuaciones 3.27 y 3.28 se obtiene:

$$\lambda = \frac{1}{n\sigma}. \tag{3.29}$$

El camino libre medio es la distancia media recorrida por la partícula entre dos colisiones.[18] La cantidad λ se conoce también como la *longitud de*

---

[17]Las ecuaciones 3.26 y 3.27 están relacionadas y muestran que el concepto de sección transversal está relacionado con la probabilidad de interacción entre las partículas incidentes y las partículas en el material.

[18]La ecuación 3.29 se puede también escribir como $\lambda n\sigma = 1$. Esta relación explica el efecto de una colisión, en promedio, cuando la partícula que atraviesa una distancia λ colisiona con las partículas del material estacionario que cubren simplemente el área total. En un volumen de longitud λ y una base de área unitaria, hay $\lambda \times n$ posibles partículas que pueden hacer una colisión. Si cada una tiene un área σ el área total cubierta es $\lambda \times n \times \sigma$ (Feynman 2013).

absorción, longitud de atenuación o *longitud de interacción*. En particular, en el caso de los fotones de alta energía, la longitud de atenuación se utiliza de manera muy similar al camino libre medio que se va a presentar en el apartado 3.3.5.

En casos prácticos el camino libre medio, la distancia promedio entre dos colisiones sucesivas, está dada por:

$$\lambda = \frac{1}{n\sigma} = \frac{M_{mol}}{\rho N_A \sigma}, \tag{3.30}$$

donde ρ es la densidad del material (unidad: kg/m^3), M_{mol} es la masa molar (unidad: kg/mol) y N_A es la constante de Avogadro (6.022×10^{23} mol^{-1}).

Aunque el estudio de las interacciones de una partícula proyectil con un solo tipo de partícula en el blanco (véase ecuación 3.19) proporciona una base para comprender el proceso de interacción en escalas microscópicas, las mediciones se realizan en realidad con muestras de materiales con un espesor que a menudo está compuesto de una mezcla de materiales. Esta característica adicional se describe mediante el uso de una sección transversal apropiada para los componentes de cada material usado. Este material compuesto puede considerarse como una serie de capas atómicas y para cada capa se puede aplicar los resultados encontrados con el concepto de sección transversal entre partículas. Por lo tanto, en el caso de una mezcla de materiales, el camino libre medio se convierte en:

$$\lambda = \frac{1}{\sum_i n_i \sigma_i} = \frac{1}{N_A \sum_i (\rho_i / M_{mol,i}) \sigma_i} \tag{3.31}$$

donde $\sum_i$ es la suma de todos los componentes elementales, ρ_i es la densidad del átomo del elemento i, $M_{mol,i}$ es la masa molar del elemento i y σ_i es la sección transversal específica del componente del material.

3.3.3.7. Probabilidad de interacción

En este apartado se deduce la probabilidad de colisión (interacción) que se ha definido en la ecuación 3.28. Se supone que las partículas inciden en un material homogéneo y que están sujetas a una distancia media entre dos colisiones sucesivas denominadas camino libre medio. Como se ha ilustrado en la figura 3.12, x es la distancia recorrida por una partícula dentro del

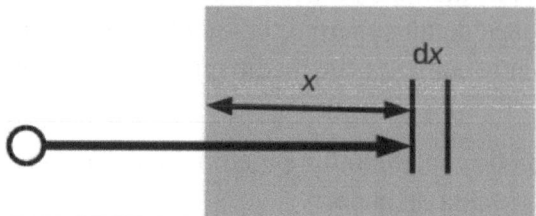

Figura 3.12: Longitud de la trayectoria x de una partícula dentro de un material. La probabilidad de que una partícula sufra una colisión entre x y $x + dx$ está dada por una función de densidad de probabilidad $p_{col}(x)\,dx$.

material. La probabilidad de que una partícula sufra una colisión entre x y $x + dx$ está dada por (Lechner 2018)

$$p_{col}(x)\,dx = \frac{1}{\lambda}\exp\left(-\frac{x}{\lambda}\right)dx. \tag{3.32}$$

Se observa que la probabilidad dada en la ecuación 3.32 cumple los tres axiomas de probabilidad formulados por Kolmogorov.[19] Se observa también que la integral de ecuación 3.32 sobre un objetivo semi-infinito es igual a la unidad,

$$\int_0^\infty p_{col}(x)\,dx = 1. \tag{3.33}$$

El primer momento de la función de densidad de probabilidad $p_{col}(x)\,dx$ es λ:

$$\int_0^\infty p_{col}(x)x\,dx = \lambda. \tag{3.34}$$

---

[19]Las suposiciones sobre el establecimiento de los tres axiomas de probabilidad formulados por Kolmogorov se pueden resumir de la siguiente manera: Al par (Ω, S) se le llama espacio medible, donde Ω es un espacio de muestreo y S tiene elementos A. A se llama a un suceso que es un elemento cualquiera de S. Dado el espacio medible (Ω, S) existe una función P que asigna valores reales a los elementos de S con la función $P\colon S{\to}R$. P es una probabilidad si satisface los siguientes axiomas de Kolomogorov:

(1.) $P(A) \geq 0 \ \forall A \in S$.

(2.) $P(\Omega) = 1$.

(3.) Dada una sucesión $A_1, A_2, \ldots$ de sucesos mutuamente excluyente, se verifica que la probabilidad de la unión es la suma de las probabilidades: $P(A_1 \cup A_2 \cup \ldots) = \sum_i P(A_i)$.

La probabilidad de que una partícula tenga una colisión al recorrer una longitud de trayectoria x viene dada por la función de distribución acumulativa:

$$P_{col}(x) = \int_0^x p_{col}(\tilde{x}) \, d\tilde{x} = 1 - \exp(-\frac{x}{\lambda}).$$ (3.35)

Gracias a esta ecuación se concluye que el 63.2% de todas las partículas tendrán una colisión al recorrer una longitud de camino λ. Para un material delgado con un espesor $dx \ll \lambda$, el término exponencial en la ecuación 3.35 puede expandirse en una serie de Taylor y $P_{col}(dx)$ se puede aproximar en la forma:

$$P_{col}(dx) = 1 - \exp\left(\frac{dx}{\lambda}\right) = 1 - \left(1 - \frac{dx}{\lambda} + ...\right) \approx \frac{dx}{\lambda}.$$ (3.36)

La probabilidad de que la partícula colisione con el material viene dada por el cociente entre el grosor del material y el camino libre medio (Lechner 2018 & Feynman 2013). Análogamente a la probabilidad de colisión, se puede definir la probabilidad de transmisión $P_{trans}(x)$ (o también nombrado probabilidad de supervivencia). La probabilidad de que una partícula no sufra una colisión hasta una distancia x es:

$$P_{trans}(x) = 1 - P_{col}(x) = \exp\left(-\frac{x}{\lambda}\right).$$ (3.37)

Esta expresión presenta la probabilidad de transmisión que es similar a la ecuación 3.17 pero ahora con una dependencia explícita de la distancia. Las partículas que no han tenido una colisión después de recorrer una distancia x se reducen exponencialmente. En el próximo apartado se presenta un ejemplo práctico de partículas que pasan un material absorbente.

3.3.4. Atenuación de un rayo

Para calcular la atenuación (o absorción) de un rayo de partículas se asume que hay un flujo de partículas incidentes idénticas de la misma energía con una intensidad I_{in} (unidad: partículas/(cm^2 s)). Las partículas al viajar a través de la materia interactúan con los átomos con una probabilidad dada por la ecuación 3.35 que depende de la inversa del camino libre medio y por lo tanto, según la ecuación 3.29, es proporcional a la sección transversal

σ. Esta sección transversal depende en gran medida del tipo de partícula incidente y de su energía, así como del material que traspasa. En un escenario ideal, se supone que cada partícula es absorbida completamente en una sola interacción, sin producir radiación secundaria, o pasa directamente a través de todo el material sin cambiar su energía o dirección. Usando la probabilidad de transmisión (véase ecuación 3.37) de un flujo de partículas por un material y la ecuación 3.17 se obtiene:

$$P_{trans}(x) = \frac{I_{trans}(x)}{I_{in}} = \exp\left(-\frac{x}{\lambda}\right). \tag{3.38}$$

Usando la ecuación 3.29 y asumiendo un flujo I_{in} en $x = 0$, se obtiene la conocida ecuación de *atenuación de un rayo*[20]:

$$I(x) = I_{in}\exp\left(-\sigma n x\right), \tag{3.40}$$

donde $I(x)$ es la intensidad en función de la distancia x (véase la figura 3.13).

La atenuación exponencial es relevante principalmente para las partículas no cargadas como fotones, neutrones y neutrinos, pero puede ser usada también para partículas cargadas. Una expresión similar a la de la ecuación 3.40 se utiliza para la atenuación de los fotones, pudiéndose encontrar más detalles en el apartado 3.3.5, donde se profundiza sobre el tratamiento de la interacción de radiación electromagnética con la materia. En el siguiente apartado se presenta un ejemplo concreto del uso de la ecuación 3.40 aplicado al caso de las partículas sin carga y con masa.

3.3.4.1. Atenuación de partículas sin carga y con masa

El neutrón es una partícula sin carga eléctrica y su masa es muy similar a la del protón. Los neutrones no interaccionan electromagnéticamente y tienen una vida media relativamente larga, de casi 15 minutos. Sin embargo,

---

[20]Se puede deducir también la ecuación 3.40 con una argumentación similar a la de los últimos dos apartados. Si se asume que al atravesar una pequeña región del material dx la intensidad del rayo de partículas se reduce por una pequeña cantidad dI que es proporcional al flujo I y a σn, se obtiene la siguiente relación:

$$\frac{dI}{dx} = -I\sigma n. \tag{3.39}$$

Al integrar esta ecuación se obtiene la ecuación de la *atenuación de un rayo* de partículas.

se asume que son estables en el escenario en que plantean los problemas de la radiación en el espacio. Los flujos de neutrones medidos en el entorno espacial son bajos y provienen principalmente de erupciones solares, con una clara correlación temporal con los rayos X. Se ha establecido experimentalmente que la energía de estos neutrones se encuentra en el intervalo desde unas pocas decenas de MeV hasta unas pocas GeV (Casadei 2017).

Se considera ahora la atenuación (o absorción) de un flujo de neutrones[21] aplicando la ecuación 3.40 a un flujo de neutrones que se propaga a través un material. Estos neutrones interaccionan con los núcleos de los átomos a través de la fuerza fuerte. La probabilidad de interacción entre un neutrón y un núcleo del material se expresa con la ayuda de la sección transversal total σ. En algunos casos puede ser útil saber si el neutrón cambia de dirección cuando interacciona con el núcleo o desaparece después de la reacción. Por esa razón, se definen las secciones transversales *de dispersión* σ_d y *absorción* σ_a.

La sección transversal total es simplemente la suma de las dos secciones transversales $\sigma = \sigma_d + \sigma_a$. Esta sección transversal total mide la probabilidad de que una interacción de cualquier tipo ocurra cuando los neutrones interaccionan con un núcleo del material. El valor de una sección transversal depende de la energía de los neutrones y de las propiedades del núcleo que constituyen el material con el cual interacciona. Por ejemplo, los neutrones de bajas energías que interaccionan con los isótopos de un mismo elemento pueden presentar secciones transversales muy diferentes. La intensidad de neutrones en función de la distancia atravesada en el material viene dada por la ecuación 3.40, donde se aplica la sección transversal total $\sigma(E, Z, A)$ del neutrón con un material especifico. Esta sección transversal total es una función de energía E, del número atómico Z y del número de masa A del material. En este caso, se dice que los neutrones absorbidos por el material lleva a una disminución (atenuación) exponencial de la intensidad de neutrones con el espesor del material atravesado (véase figura 3.13).

La expresión 3.40, sin embargo, es demasiado simplista. Por un lado, la sección transversal depende de la energía de la partícula incidente. Por

---

[21]En el caso de los neutrinos igualmente se puede hablar de atenuación de un flujo de neutrinos. Sin embargo, el camino libre medio de neutrinos es de muchos órdenes de magnitud más grande que de los neutrones. Esto se explica porque hay una gran diferencia en la sección transversal entre estas dos partículas, dado que están gobernadas por la interacción fuerte en el caso de los neutrones y por la interacción débil si se habla de neutrinos.

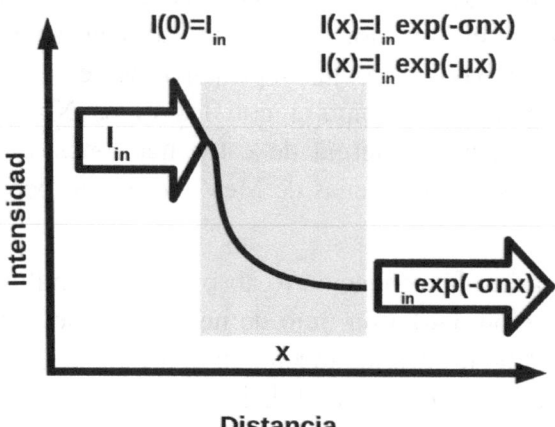

Figura 3.13: Se muestra esquemáticamente la intensidad $I(x) = I_{in}\exp\left(-\sigma nx\right) = I_{in}\exp\left(-\mu x\right)$ de un rayo de partículas en función del material traspasado. Se puede calcular la intensidad del flujo de partículas a la salida de un material de espesor x si se conoce la intensidad inicial I_{in} (el flujo de las partículas antes de interaccionar con el material) y el coeficiente de atenuación lineal del material $\mu = \sigma n$.

ejemplo, la sección transversal puede tener resonancias donde el valor $\sigma(E)$ puede cambiar fácilmente en un orden de magnitud. Por otro lado, como se ha mencionado, no todas las interacciones son reacciones de absorción, muchas de ellas son de dispersión y solo cambiarán la energía de la partícula, por lo que no atenuarán exponencialmente la intensidad del flujo de partículas. Por ejemplo, una gran fracción de la energía inicial de las partículas que interactúan con el material aún escapa del material en forma de partículas secundarias o cascadas de partículas. Al contrario que las partículas primarias que son transmitidas sin pérdida de energía, las partículas secundarias tienen energías más bajas que las partículas primarias y por lo tanto, pueden interaccionar de forma diferente que las partículas primarias después de haber atravesado el material. En el caso en el que las partículas secundarias sean importantes se necesita una descripción específica que se adecúe mejor al problema a resolver. Si se quiere investigar la forma en que las partículas secundarias interactúan con la materia y producen cascadas de partículas, se necesita la descripción que se presenta en el apartado 3.3.7.

3.3.5. Interacciones de fotones con la materia

El conocimiento de las interacciones de los fotones con la materia y su absorción son importantes para entender los efectos que tienen en los dispositivos de las naves espaciales. Al ser partículas sin masa ni carga, los fotones de alta energía tienen un alto poder de penetración. Desde un punto de *vista macroscópico* (véase apartado 3.3.5.2), cuando un flujo de fotones atraviesa un material se reduce su intensidad (número de fotones). Desde un punto de *vista microscópico* (véase apartado 3.3.5.1), los procesos de interacción de los fotones con el átomo (o núcleo) están descritos por la sección transversal $\sigma(E,Z,A)$. La sección transversal, y por tanto la probabilidad de interacción, es una función de energía E, del número atómico Z y del número de masa A del material.

En el apartado 3.2 se ha mencionado que el espectro de la radiación solar comprende un amplio rango de frecuencias, incluyendo fotones de alta energía (radiación ultravioleta y rayos X). Además, existen fotones de mayor frecuencia y mayor energía, como los rayos gamma. Estos rayos gamma se originan principalmente por fenómenos astrofísicos de alta energía, como, por ejemplo, fotones de muy alta energía procedente de una explosión de una estrella (Mangano 2017).

En el caso de los *fotones de baja energía* (hasta del orden de eV que comprende en el espectro de radiación electromagnética hasta el óptico y ultravioleta) no se consideran colisiones de fotones con los átomos individuales, sino que lo que aparecen son fenómenos colectivos que dependen de las propiedades electromagnéticas del material. Tales propiedades del material difieren si se trata de un material dieléctrico o un material conductor. En general, si el material es transparente a los fotones, la radiación electromagnética pasará a través de ella sin cambios. Si el material tiene propiedades de un reflector perfecto, la radiación electromagnética no se modificará excepto para cambiar la dirección en la que se mueve. Si la radiación electromagnética es absorbida por la materia, entonces hay una transferencia de energía de los fotones al material que la está absorbiendo. Si la energía es suficientemente alta (del orden de 0.01 eV hasta 1 eV), esto puede dar lugar a un aumento de la energía vibratoria o rotatoria de las moléculas del material absorbente o a cambios en el nivel de energía de los electrones en los átomos y moléculas. En general, todos estos tipos de absorciones dan como resultado un aumento de la temperatura del medio absorbente.

Por el contrario, los *fotones de alta energía* (del orden de más de 10 eV), como los rayos X y los rayos gamma, se pueden considerar como colisiones de fotones con los átomos individuales. Varios procesos contribuyen a la dispersión y a la absorción de fotones en la materia y pueden tener efectos importantes sobre los materiales. Sin embargo, hay que tener en cuenta que en el entorno espacial los flujos de esta radiación son relativamente bajos. La *visión microscópica*, que es donde se presentan los procesos de interacción más importantes entre los fotones de alta energía y los átomos de un material, se menciona en el siguiente apartado 3.3.5.1. La *visión macroscópica*, donde se explica cómo la intensidad de un flujo de fotones se reduce exponencialmente con el espesor de un material, se presenta en el apartado 3.3.5.2.

3.3.5.1. Procesos de interacción del fotón

Como se mencionó en el apartado anterior, los fotones tienen diversos procesos de interacción que dependen de la energía del fotón y del material atravesado. Estos procesos contribuyen a la dispersión y a la absorción del fotón en la materia. La probabilidad de que se produzcan uno de estos procesos es proporcional a su sección transversal. La sección transversal total del fotón es una combinación de (como mínimo) tres secciones transversales parciales:

$$\sigma_{total} = \sigma_{efecto\,fotoeléctrico} + \sigma_{Compton} + \sigma_{producción\,de\,pares}. \qquad (3.41)$$

Los fotones de alta energía (> 10 eV) pueden, o bien desaparecer y sufrir absorción fotoeléctrica o producción de pares, o bien ser desviados por dispersión Compton. En la figura 3.14 se muestra el valor de la sección transversal en función de la energía para la interacción del fotón con un material compuesto de plomo. A bajas energías (< 1 MeV) puede verse que domina el efecto fotoeléctrico, aunque las dispersiones Rayleigh y Compton también contribuyen al efecto dominante. Al aumentar las energías (> 1 MeV) empezará a dominar la producción de pares de electrón-positrón. Esta creación de pares proviene principalmente de los procesos de interacción con el núcleo de los átomos y con menor probabilidad con interacciones con los electrones de los átomos. A continuación se describen brevemente estas interacciones (que se presentan en la figura 3.14):

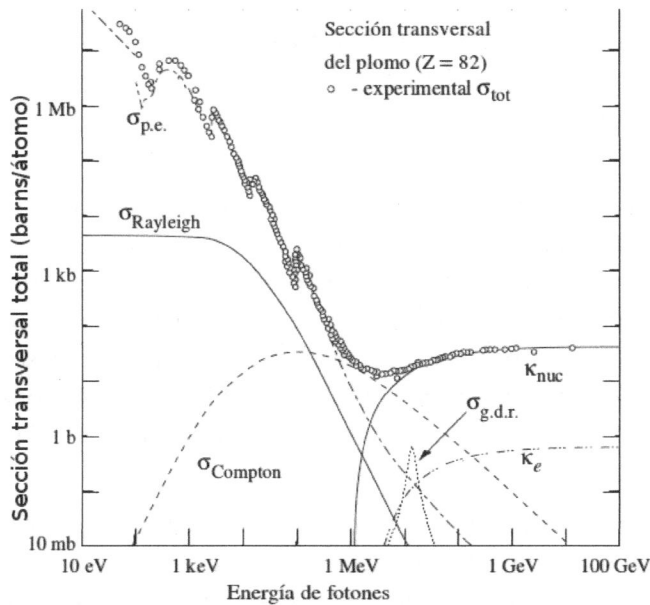

Figura 3.14: Variación de la sección transversal total (en barns por átomo) en función de la energía de fotones en el caso del plomo. Se compara el valor medido experimentalmente (círculos) con los valores calculados (lineas de diferente tipos). Se distinguen las contribuciones de los diferentes procesos. A bajas energías predomina el efecto fotoeléctrico ($\sigma_{p.e.}$) con contribuciones de la dispersión Rayleigh ($\sigma_{Rayleigh}$). A medianas energías (orden del MeV) esta presente el proceso por dispersión Compton ($\sigma_{Compton}$). A energías iguales o mayores a 1.02 MeV empieza la producción de pares electrón-positrón por el campo nuclear (κ_{nuc}) y también hay una contribución de la producción de pares por el campo de los electrones (κ_e). Existe también una *giant dipol resonance* ($\sigma_{g.d.r.}$) que es un proceso de fotodesintegración nuclear; (PDG 2020, adaptada de J. H. Hubbell (NIST)).

- El *efecto fotoeléctrico* consiste en la interacción del fotón con un electrón de las órbitas internas de los átomos del material, transfiriéndole toda su energía. El fotón original desaparece y un electrón secundario adquiere toda la energía del fotón. Es decir, el fotón es absorbido y un electrón es liberado de su órbita atómica. El efecto fotoeléctrico solo puede ocurrir si la energía del fotón supera la energía de unión $E_{unión}$ de una órbita atómica. La energía del electrón emitido corresponde a la energía del fotón menos $E_{unión}$. Esta energía es suficiente para desligar el electrón de su átomo. La sección transversal fotoeléctrica se caracteriza por presentar discontinuidades como son los umbrales para la ionización de varios niveles atómicos. Como se puede ver en la figura 3.14, el efecto fotoeléctrico es el proceso dominante de los fotones a energías más bajas.

- La *dispersión Rayleigh* es una interacción en la que los fotones son dispersados por un electrón que queda ligado con el átomo. En este caso el átomo no es excitado ni ionizado. La energía del fotón incidente es prácticamente la misma que la del dispersado con un ángulo de dispersión muy pequeño. La dispersión de Rayleigh solo tiene una importancia marginal para muchos problemas relacionados con la radiación espacial, ya que no contribuye a la absorción de fotones.

- La *dispersión Compton* es la dispersión de un fotón por una partícula cargada, normalmente un electrón. El resultado es una disminución significativa de la energía y una desviación de dirección del fotón, llamada el *efecto Compton*. La energía impartida al electrón puede ascender de cero a una gran fracción de la energía del fotón incidente. La figura 3.14 muestra que el efecto Compton es el proceso dominante en las energías del orden de MeV.

- La *producción de pares electrón-positrón* es un efecto que se genera cuando un fotón energético se acerca al campo eléctrico de un núcleo o electrón. Sin embargo, el campo eléctrico del núcleo es el mecanismo de absorción dominante de los fotones. La energía del fotón (γ) absorbido se transforma y crea un electrón (e^-) y un positrón (e^+) en lo que se denomina *creación de pares electrón-positrón* ($\gamma \to e^+ + e^-$). Como la suma de las masas de este par es de 1.02 MeV, es necesario que el fotón tenga como mínimo esta energía. Si la energía del fotón es mayor que este umbral de energía, el fotón se convierte en un par de electrón y positrión y la energía excedente se la reparten el electrón y el positrón como energía cinética. La producción de pares electrón-positrón es el efecto dominante a energías más altas (véase figura 3.14) y es relevante en las cascadas electromagnéticas ya que los electrones y positrones de alta energía pueden perder energía en los procesos de radiación de frenado (véase apartado 3.3.6) y se pueden producir nuevos fotones. Las cascadas electromagnéticas se describen con más detalle en la apartado 3.3.7.

- La *fotodesintegración nuclear* es el caso donde un núcleo se descompone en dos núcleos distintos debido a la interacción con un fotón.

Cada uno de los procesos mencionados anteriormente es dominante en un rango de energías de los fotones como se ilustra en la figura 3.14. Un resumen de los procesos más importantes para la interacción de los fotones con la materia se muestra en la tabla 3.2.

Es reseñable que las mediciones experimentales de la sección transversal $\sigma_{experimento}$ se realizan con experimentos de laboratorio tales como los que se han mostrado en el apartado 3.3.3.3. Por otra parte, como se ha mencionado anteriormente en los apartados 3.3.3.2 y 3.3.3.3, la sección transversal $\sigma_{teoría}$ se obtiene con los cálculos basados en una detallada teoría de la física de partículas.

Un trabajo de los físicos es comparar el valor de estas dos cantidades, por ejemplo, medir si el valor $\sigma_{experimento}/\sigma_{teoría}$ con sus errores experimentales y teóricos es consistente con el valor de la unidad. Con este tipo de comparaciones se averigua en cada medida experimental si una teoría, como, por ejemplo, el modelo estándar de las partículas o la relatividad general de Einstein, puede ser comprobada o desmentido. En el caso de que hubiera discrepancias notables entre $\sigma_{experimento}$ y $\sigma_{teoría}$ se necesitaría una modificación del modelo u otra teoría más amplia y unificadora que la actual.

Interacción	Rango de energía	Proceso
Efecto fotoeléctrico	$\sim$10 eV - $\sim$1 MeV	Fotón absorbido y emisión de electrón
Dispersión Compton	$\sim$100 keV - $\sim$10 MeV	Fotón desviado por un electrón
Producción de pares	$> \sim$10 MeV	Fotón aniquilado y creación de electrón y positrón

Tabla 3.2: Resumen de las interacciones más importantes de los fotones con la materia. A bajas energías, hasta centenares de keV, domina el proceso de absorción de fotones por efecto fotoeléctrico. A energías intermedias, alrededor de MeV, domina la dispersión Compton. A altas energías, orden de unos MeV, la producción de pares electrón-positrón es el mecanismo de absorción dominante de los fotones.

Después de haber presentado los principales procesos de interacción del fotón especificando el *ámbito microscópico*, existe una conexión directa al *ámbito macroscópico* a través del *coeficiente de atenuación*, que cuantifica la pérdida progresiva de intensidad de un rayo a medida que atraviesa un material.

3.3.5.2. Coeficiente de atenuación

En la figura 3.13 se muestra un rayo altamente colimado de fotones monoenergéticos que atraviesa un material de espesor x. En la visión *macroscópica*, la intensidad (número de fotones) después de atravesar ese espesor queda reducida de manera exponencial. Esta disminución del número de fotones en función de la distancia recorrida en el material es denominada *atenuación*. En los problemas relacionados con los fotones, existe una relación entre la inversa del camino libre medio λ y el *coeficiente de atenuación lineal* μ (unidad: 1/m) dada por:

$$\mu = \frac{1}{\lambda}. \tag{3.42}$$

Como se ha presentado en el apartado 3.3.4, la probabilidad de transmisión en un caso general está dada por la ecuación 3.38. Usando las ecuaciones 3.38 y 3.42 se obtiene la conocida ecuación de la *atenuación de un flujo* de fotones, que es:

$$I(x) = I_{in} \exp\left(-\mu x\right), \tag{3.43}$$

donde I_{in} es la intensidad en $x = 0$.

En la visión *macroscópica*, $I(x)$ es la intensidad de fotones en función de la distancia x (véase figura 3.13). Esta visión *macroscópica* está relacionada con la visión *microscópica* a través la siguiente argumentación: la disminución exponencial de la intensidad de fotones se debe a la interacción de un cierto número de fotones con la materia como se ha especificado en el apartado 3.3.5.1 anterior. Se supone que estas interacciones tienen lugar a través de colisiones aisladas, sin que se produzcan radiación secundaria. Cada fotón es absorbido completamente en una sola interacción o pasa directamente a través de todo el material sin cambiar su energía o dirección. Similar a la ecuación 3.30, el *coeficiente de atenuación lineal* μ, que es el inverso de la distancia media entre dos colisiones sucesivas, está determinado por la ecuación:

$$\mu = n \sum_j \sigma_j = \frac{\rho N_A \sum_j \sigma_j}{M_{mol}}, \tag{3.44}$$

donde j es la suma de secciones transversales de todos los procesos mencionados en el apartado anterior.

El coeficiente de atenuación lineal μ depende de n, que es la densidad numérica de átomos en material (unidad: partículas/m^3) y de la sección transversal total del fotón que es la suma las secciones transversales parciales σ_j (unidad: m^2), dadas en la ecuación 3.41. Asimismo, el coeficiente de atenuación lineal[22] depende de la densidad del material ρ (unidad: kg/m^3), de la masa molar M_{mol} del material (unidad: kg/mol), de la constante de Avogadro N_A (6.022×10^{23} mol^{-1}) y de las secciones transversales parciales σ_j.

El camino libre medio multiplicado por la densidad de material $\lambda\rho$ se escribe como la *longitud de atenuación de la masa* o *longitud de absorción* (unidad: kg/m^2), y la inversa es generalmente conocida como el *coeficiente de atenuación de la masa* (unidad: m^2/kg):

$$\mu_m = \frac{1}{\lambda\rho} = \frac{N_A \sum_j \sigma_j}{M_{mol}}. \tag{3.45}$$

Esta claro que el coeficiente de atenuación lineal y de la masa están relacionados por $\mu = \mu_m\rho$.

Como se muestra en la figura 3.13 y la ecuación 3.43, la intensidad de los fotones $I(x)$ disminuye exponencialmente con la distancia recorrida en un material. El espesor x de un material homogéneo que atenúa la intensidad a $\exp(-1) = 36.8\%$ de la intensidad original, está relacionado con el coeficiente de atenuación lineal μ y en consecuencia, con el camino libre medio λ (véase ecuación 3.42). Por lo tanto, el *camino libre medio de un fotón* es la distancia media que un fotón de energía dado por la

---

[22]Si a cada centro absorbente atómico se le da una sección transversal total $\sigma = \sum_j \sigma_j$ y tienen una densidad numérica de átomos n, entonces el coeficiente de atenuación lineal es $\mu = n\sigma$ y puede ser comparando con la ecuación 3.29.

ecuación 3.1 recorre en un material antes de interaccionar con los átomos del material. Además, la ecuación 3.43 manifesta que tan solo atraviesan el material aquellos fotones que no han interaccionado, teniendo la misma energía inicial. Esta situación contrasta con el caso de partículas cargadas, en el que si el espesor del material es menor que el alcance (véase ecuación 3.51) el número de partículas que atraviesan el material es el mismo que el de las incidentes, aunque con menor energía. Este comentario introduce el próximo apartado en el que se detallan las interacciones de partículas cargadas con la materia.

3.3.6. Interacciones de partículas cargadas con la materia

Las *partículas cargadas* pierden su energía al interaccionar con la materia principalmente por *colisiones electromagnéticas*. Esto significa que las colisiones son debidas a la interacción de las cargas de las partículas incidentes con las cargas de los electrones y núcleos de los átomos. Como consecuencia, las partículas incidentes disminuyen su velocidad y se desvían con respecto a su dirección inicial. Estas colisiones se producen fundamentalmente a través de tres tipos de interacciones: las interacciones con el campo de Coulomb del electrón, las interacciones con el campo de Coulomb del núcleo y la radiación de frenado.

1. **Interacciones de Coulomb con los electrones.** A bajas energías, las interacciones de Coulomb con los electrones conducen a la *excitación* o *ionización de los átomos*. Las colisiones con los electrones de los átomos dominan la pérdida de energía de las partículas cargadas incidentes hasta energías por encima de las cuales las pérdidas radiativas empiezan ser importantes. A altas energías, las interacciones entre partículas cargadas están dominadas por pérdidas radiativas. Por ejemplo, para los electrones incidentes con energías inferiores del orden de pocas decenas de MeV las interacciones están dominadas por colisiones con los electrones de los átomos. La pérdida de energía de una partícula proyectil cargada debida a las interacciones de Coulomb con electrones se denomina generalmente *pérdida de energía electrónica* y conduce al calentamiento de un material. A menudo este tipo de pérdida de energía es nombrado también *pérdida de energía por colisión* o *pérdida de energía por ionización*.

2. **Interacciones de Coulomb con los nucleones.** La pérdida de energía en las colisiones con los núcleos es generalmente mucho menor que la pérdida de energía con los electrones. La pérdida de energía por los nucleones es nominada *pérdida de energía no ionizante* y puede conducir al *desplazamiento de los átomos* de la estructura cristalina, siempre y cuando la transferencia de energía sea superior a un determinado umbral necesario para desplazarlos. En analogía con la pérdida de energía electrónica, la pérdida por colisiones de Coulomb con los núcleos se llama *pérdida de energía nuclear*. Las interacciones de Coulomb con los núcleos dominan la desviación angular de las partículas cargadas en un material. Las partículas están sujetas a menores desviaciones si su energía es mayor[23].

3. **Radiación de frenado.** A altas energías, existe la *radiación de frenado* o *bremsstrahlung* (del alemán *bremsen* (frenar) y *Strahlung* (radiación)) que es una radiación electromagnética producida por la desaceleración de una partícula cargada incidente. Las partículas cargadas interaccionan con el campo de Coulomb del núcleo y pierden

---

[23]Las interacciones de Coulomb en el material desvían a las partículas cargadas de su dirección original de propagación. Aunque los ángulos de dispersión son pequeños, el gran número de colisiones contribuye a que este efecto sea apreciable. Este proceso de dispersión se conoce como *dispersión múltiple* (*multiple scattering*) y fue modelado por Molière.

Se asume que para muchas dispersiones de ángulos pequeños, las distribuciones de dispersión y desplazamiento total se recogen en una función gaussiana. Se define el ángulo de semiapertura por dispersión múltiple θ_0 con la siguiente relación:

$$\theta_0 = \theta_{plano}^{rms} = \frac{1}{\sqrt{2}}\theta_{espacio}^{rms}, \tag{3.46}$$

donde la dirección de salida forma un ángulo en el espacio con la dirección incidente dada por $\theta_{espacio}$, mientras que si se proyecta en un plano este ángulo es de θ_{plano}. El superíndice *rms* recuerda que se trata de una distribución de ángulos aproximada por una gaussiana definida por su media cuadrática (*root mean square*). Se caracteriza la dispersión múltiple por una dependencia gaussiana con un ángulo de semiapertura dado por (PDG 2020):

$$\theta_0 = \frac{13.6}{\beta c p}z\sqrt{\frac{x}{X_0}}\left[1 + 0.038\ln\left(\frac{xz^2}{X_0\beta^2}\right)\right], \tag{3.47}$$

siendo p, βc y z la cantidad de movimiento, velocidad y carga de la partícula proyectil, respectivamente, y x/X_0 es el espesor del material de dispersión en longitud de radiación (que se define en ecuación 3.68). De la ecuación 3.47 se deduce que las partículas están sujetas a menores desviaciones si su energía es mayor.

parte de su energía, que se emite en forma de un fotón de radiación de frenado. Las partículas cargadas de alta energía pueden perder en tres interacciones distintas:

- interacciones de radiación de frenado,

- interacciones de producción de electrón-positrón pares y

- interacciones fotonucleares.

Estas pérdidas de energías se denominan generalmente como *pérdida de energía radiativa*. La imagen física de una interacción de radiación de frenado es la de una partícula incidente con masa y carga eléctrica, que interacciona con el campo de Coulomb del núcleo y experimenta una desviación y por tanto una aceleración. Asumiendo las leyes de electrodinámica clásica, esta aceleración produce una variación de velocidad de la partícula cargada que emite radiación electromagnética (fotones). La partícula cargada emite más energía cuanto menor sea la distancia entre la trayectoria de la partícula proyectil y el centro del núcleo. Asimismo, cuanto mayor sea el número atómico del material en el que interacciona la partícula proyectil cargada la intensidad de la radiación de frenado será mayor. La intensidad de la radiación de frenado (número de fotones) es mucho mayor para partículas de masa pequeña (como los electrones) que para otras partículas más pesadas. La sección transversal de radiación de frenado $\sigma_{\text{radiación de frenado}}$ es proporcional a la inversa del cuadrado de la masa m de la partícula proyectil cargada (Jackson 1999):

$$\sigma_{\text{radiación de frenado}} \sim \frac{1}{m^2}. \tag{3.48}$$

La pérdida media de energía por unidad de longitud debido a la pérdida electrónica, nuclear y radiativa se cuantifica generalmente mediante el poder de frenado electrónico, nuclear y radiativo, respectivamente que se presentará en el apartado 3.3.6.3. En el próximo apartado se define el poder de frenado general, sin especificar un proceso en concreto.

3.3.6.1. Poder de frenado

El *poder de frenado* $S(E)$ (*stopping power*) de una partícula cargada que atraviesa un material a una determinada energía se describe como:

$$S(E) = -\frac{\mathrm{d}E}{\mathrm{d}x}, \tag{3.49}$$

donde $\mathrm{d}E$ es la pérdida de energía que experimenta la partícula de energía E al recorrer una distancia $\mathrm{d}x$ en el material. El poder de frenado representa la pérdida de energía por la partícula incidente por unidad de longitud de camino recorrido. La unidad típica del poder de frenado es, por ejemplo, MeV/cm.

La partícula proyectil cargada se propaga por el material y va perdiendo su energía en múltiples colisiones. La pérdida de energía depende de la energía inicial y el tipo de la partícula proyectil y puede suponer, por ejemplo, interacciones de excitación e ionización de los átomos del material. Cada una de esas interacciones entre la partícula incidente y los átomos del material se caracteriza por una sección transversal específica, como se ha visto en la ecuación 3.23. La pérdida de energía debido a esas interacciones puede conducir al calentamiento de un material. En la mayoría de las colisiones, la transferencia de energía T es pequeña (del orden de decenas de eV), pero las secciones transversales pueden ser grandes. Se asume que $\mathrm{d}\sigma(E,T)/\mathrm{d}T$ es la sección transversal diferencial para una transferencia de energía T a una partícula del material desde la partícula proyectil con energía inicial E. El poder de frenado está relacionado con la sección transversal diferencial por la siguiente relación[24] (Jackson 1999):

$$\frac{\mathrm{d}E}{\mathrm{d}x} = n \int_{0}^{T_{max}} T \frac{\mathrm{d}\sigma(E,T)}{\mathrm{d}T} \mathrm{d}T, \tag{3.50}$$

---

[24]La ecuación 3.50 se obtiene asumiendo que la transferencia de energía media $\bar{T}$ está dada por:

$$\bar{T} = \frac{\int T \frac{\mathrm{d}\sigma(E,T)}{\mathrm{d}T} \mathrm{d}T}{\int \frac{\mathrm{d}\sigma(E,T)}{\mathrm{d}T} \mathrm{d}T}$$

y el camino libre medio entre las reacciones es $1/\lambda = \sigma n$, donde n es la densidad de partículas dispersoras. Estas dos cantidades $\bar{T}$ y λ dan la pérdida de energía:

$$\frac{\mathrm{d}E}{\mathrm{d}x} = \frac{\bar{T}}{\lambda} = \frac{\int T \frac{\mathrm{d}\sigma(E,T)}{\mathrm{d}T} \mathrm{d}T}{\int \frac{\mathrm{d}\sigma(E,T)}{\mathrm{d}T} \mathrm{d}T} \, n \int \frac{\mathrm{d}\sigma(E,T)}{\mathrm{d}T} \mathrm{d}T = n \int T \frac{\mathrm{d}\sigma(E,T)}{\mathrm{d}T} \mathrm{d}T.$$

donde T_{max} es la máxima energía transferida, que es deducida de la cinemática de las partículas que colisionan y que se determina con ayuda de la ecuación 3.58, y n es la densidad de partículas dispersoras en el material. En los siguientes párrafos este poder de frenado se presenta explícitamente para electrones, positrones y partículas pesadas.

El poder de frenado depende de la energía y tipo de partícula incidente y de las propiedades del material. Sin embargo, si se compara una sustancia en forma gaseosa con una sólida, se comprueba que los valores de poder de frenado de los dos estados son muy diferentes solo por la diferente densidad de los átomos en el material. Por lo tanto, a menudo se divide el poder de frenado $S(E)$ por la densidad del material ρ para obtener una medida que se encuentra generalmente en unidades como MeV cm^2 g^{-1} o similares. Este *poder de frenado de la masa* $\frac{S(E)}{\rho} = \frac{dE}{\rho dx}$ depende muy poco de la densidad del material.

El poder de frenado está estrechamente relacionado con la *transferencia lineal de energía* (*linear energy transfer*, LET), debido a que ambos miden la pérdida de energía por penetración en el material y ambos se suelen medir en unidades de energía por unidad de longitud.

3.3.6.2. Alcance

Después de que la partícula cargada se haya propagado por una distancia más o menos grande en el material y haya perdido toda su energía en múltiples colisiones, la partícula queda detenida. El *alcance* es la penetración máxima de una partícula de una energía determinada en un material, donde se asume que el recorrido es rectilíneo. El alcance depende de la energía, masa y carga de la partícula y de la composición del material atravesado. El alcance $R(E)$ (unidad: m) es la inversa del poder de frenado y es descrito por:

$$R(E) = \int_0^{E_i} \frac{dE}{S(E)}, \tag{3.51}$$

donde E_i es la energía inicial de la partícula y $S(E)$ es el poder de frenado total en función de la energía.

Es necesario recalcar que hay una diferencia muy importante entre el alcance de las partículas cargadas y las partículas sin carga como los fotones.

Para los fotones existe una atenuación exponencial del número de fotones sin variación de energía, mientras que para las partículas cargadas, se tiene una pérdida continua de energía a lo largo de las trayectorias que ralentiza las partículas cargadas. Como consecuencia de ello, la intensidad (número de partículas) de un haz de partículas cargadas no cambia significativamente con la distancia propagada en el material. Para un haz monocromático de fotones, la intensidad viene dada por una atenuación exponencial y en teoría nunca llegaría a cero, mientras que para una partícula cargada con una energía dada hay un alcance máximo, y más allá de esta distancia la intensidad es cero.

En la mayoría de colisiones entre una partícula cargada y el material atravesado, la transferencia de energía en cada colisión individual es solo una pequeña fracción de la energía de la partícula (véase la ecuación 3.58). Por ello es conveniente pensar que la partícula tiene una pérdida de energía gradual y continua. A menudo se la conoce como la *aproximación de la desaceleración continua* (*continuous slowing down aproximation*, CSDA). Como se especificará en el apartado 3.5, el *National Institute of Standards and Technology* (NIST) proporciona una base de datos informatizada que permite la estimación de alcance y poder de frenado para electrones, protones e iones de helio en diversos materiales. En la figura 3.15 se muestra un resultado que corresponde al alcance de protones en cobre en función de la energía. La abscisa $R(E)\rho$ se expresa en unidades g/cm^2 y se puede convertir en distancia de alcance dividiéndola por la densidad ρ del cobre. Se pueden generar diagramas similares al de la figura 3.15 para electrones, protones e iones de helio en diversos materiales empleando las herramientas de la siguiente página web del NIST: http://www.nist.gov/pml/data/star/index.cfm.

3.3.6.3. Poder de frenado electrónico, nuclear y radiativo

Como se ha comentado anteriormente en el apartado 3.3.6, las partículas incidentes se propagan por el material y van perdiendo energía a medida que van interaccionando con él. Las partículas incidentes interactúan, o bien con los electrones del material, o bien con los átomos completos, siendo esto último menos frecuente que con los electrones. Las interacciones con los electrones producen excitación e ionización del material y dan lugar al *poder de frenado electrónico*.

La interacción con los átomos completos da lugar al *poder de frenado nuclear* y produce desplazamientos de los átomos completos pudiendo

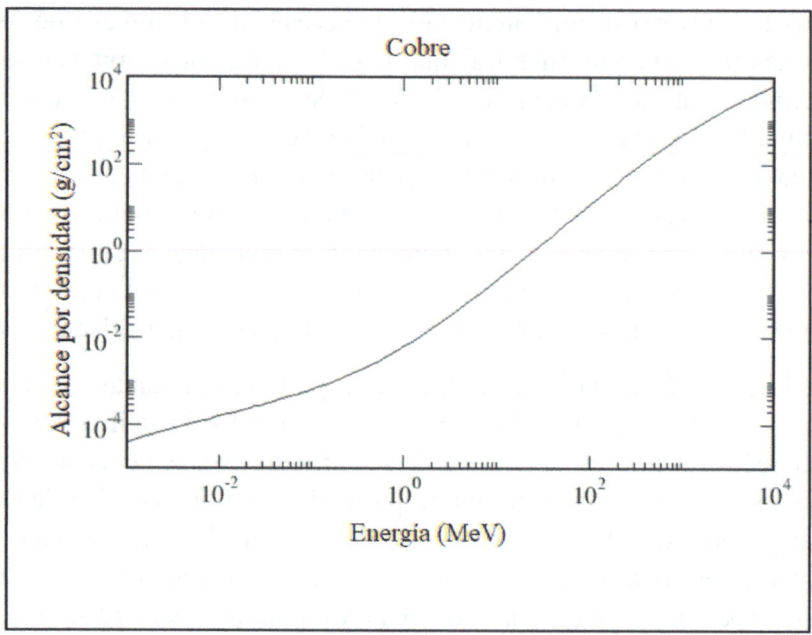

Figura 3.15: Variación del alcance multiplicado por la densidad $(R(E)\rho$. Tiene unidades de g/cm^2) en función de la energía del protón que atraviesa un objeto de cobre. El diagrama se ha generado mediante la base de datos de *National Institute of Standards and Technology* (NIST) usando la *aproximación de la desaceleración continua* (CSDA). El alcance $R(E)$ del protón se obtiene dividiendo la ordenada por la densidad de cobre ρ; (adaptada de NIST 2017).

generar daños estructurales en el material.

A energías más altas, las partículas incidentes están dominadas por mecanismos de interacción radiativos, donde la partícula incidente cargada eléctricamente interacciona con el campo eléctrico del átomo y da lugar al *poder de frenado radiativo*.

Por lo cual, los mecanismos de interacción por los que la partícula incidente puede perder energía son:

- Excitación o ionización de los electrones del material atravesado (pérdida de energía electrónica).

- Colisiones con los núcleos de los átomos del material atravesado (pérdida de energía nuclear).

- Emisión de ondas electromagnéticas interaccionando con el campo eléctrico del átomo del material atravesado (pérdida de energía radiativa).

El *poder de frenado total* $\frac{dE}{dx}$ se puede dividir en tres contribuciones independientes

$$\frac{dE}{dx} = \left(\frac{dE}{dx}\right)_{electrónico} + \left(\frac{dE}{dx}\right)_{nuclear} + \left(\frac{dE}{dx}\right)_{radiativo}. \tag{3.52}$$

El poder de frenado total es la suma del poder de frenado electrónico, nuclear y radiativo.

El *poder de frenado electrónico*, se debe a la interacción de la partícula proyectil con los electrones del material y produce la ionización y excitación de los átomos en el material. En este tipo de frenado las trayectorias de partículas más pesadas que los electrones son esencialmente rectas, debido a que la partícula proyectil es sensiblemente más pesada que los electrones de los átomos del material y prácticamente no se desvía. Además, por la gran diferencia de masas entre una partícula proyectil pesada y un electrón, la transferencia de energía en cada colisión es pequeña (véase la ecuación 3.58), de modo que se requiere un gran número de colisiones para producir el poder de frenado electrónico. Este fenómeno genera que la pérdida de energía a lo largo de la trayectoria sea continua.

El *poder de frenado nuclear* se debe a los choques de la partícula proyectil con el núcleo de los átomos del material. La interacción de una partícula cargada en movimiento con los núcleos se describe mediante una serie de procesos de dispersión con el campo de Coulomb del núcleo. Puesto que los núcleos tienen masas comparables con la partícula proyectil se generan trayectorias tortuosas. El resultado de este proceso es que los átomos del material pueden llegar a ser desplazados de sus posiciones originales, dando lugar a daños estructurales en el material. El poder de frenado nuclear es importante cuando la energía de la partícula proyectil es pequeña.

A grandes rasgos, el proceso de la perdida de energía electrónica puede ser caracterizado como una pérdida de energía de la partícula proyectil en energía cinética y potencial de los electrones del material atravesado, mientras que el proceso de la perdida de energía nuclear trata esencialmente la transferencia de energía de la partícula proyectil a los núcleos de los átomos del material atravesado (Sigmund 2006).

Como se presentará mas adelante en el apartado 3.3.6.4, el *poder de frenado radiativo* es dominante, si la energía de la partícula proyectil es alta con una velocidad cercana a la velocidad de la luz (partícula relativista). Por el contrario, si la energía de la partícula proyectil es baja el poder de frenado radiativo puede ser ignorado.

A bajas energías, la pérdida de energía es dominada por la pérdida de energía electrónica y nuclear. Por lo tanto, el poder de frenado no relativista es la suma de dos términos:

$$\left(\frac{dE}{dx}\right)_{ele+nuc} = \left(\frac{dE}{dx}\right)_{electrónico} + \left(\frac{dE}{dx}\right)_{nuclear}. \qquad (3.53)$$

El *poder de frenado electrónico* es el mecanismo dominante si la energía de la partícula proyectil está en el *rango de energías entre MeV y GeV*. En el rango *de energía más bajo* (~100 keV), *el poder de frenado nuclear* domina la ralentización de las partículas que se propagan a través de un material. Sin embargo, el poder de frenado electrónico sigue siendo significativo en este rango de energía.

Como ejemplo, la figura 3.16 muestra la pérdida de energía electrónica y nuclear para los iones de aluminio en un elemento de aluminio. Se constata que el poder de frenado nuclear es insignificante excepto en energías por debajo unos 100 keV. Para bajas energías, se han ideado varias fórmulas empíricas para cuantificar el poder de frenado. El modelo más utilizado es el dado por Ziegler, Biersack y Littmark implementado en el código SRIM (Ziegler 2013). El código SRIM es una aplicación de las teorías del poder de frenado electrónico y nuclear para cualquier ión que atraviese un material de cualquiera tipo. En general, el poder de frenado nuclear aumenta cuando la masa de la partícula cargada o ión aumenta. Para los iones muy ligeros que disminuyen su velocidad en materiales con núcleos pesados, el poder de frenado nuclear es más débil que el electrónico en todas las energías.

Como se verá en el apartado 3.4.2.2, es importante mencionar que, especialmente en el campo de los daños por radiación en las naves espaciales, la pérdida de energía nuclear es denominada *pérdida de energía no ionizante* (*non-ionizing energy loss*, NIEL). Esta pérdida de energía no ionizante se utiliza como un término opuesto al de *transferencia lineal de energía* (véase 3.3.6.1), dado que por definición el poder de frenado nuclear no implica la energía por excitación e ionización de electrones (que es el poder de frenado electrónico). Por lo tanto, se considera que el NIEL y el poder de frenado nuclear son la misma cantidad en ausencia de reacciones nucleares.

Para finalizar este apartado cabe comentar que existe también la *radiación Cherenkov*, que es una radiación de tipo electromagnético producida por el paso de partículas cargadas eléctricamente en un material. Por ejemplo, cuando electrones relativistas se propagan a través de un material transparente (el material debe ser dieléctrico) de índice de refracción n, puede ser que la velocidad βc sea mayor que la velocidad de la luz en el material c/n. Si este es el caso, se produce la radiación Cherenkov que es un tipo de onda de choque de radiación electromagnética que avanza en dirección θ_c respecto de la dirección original de los electrones, calculado por (Jackson 1999, PDG 2020) como:

$$\cos \theta_c = \frac{1}{n\beta}. \tag{3.54}$$

Este es un fenómeno similar al de la generación de una onda de choque cuando los aviones superan la velocidad del sonido. La radiación Cherenkov produce la luz azul que es característica de los reactores nucleares. Generalmente se desprecia esta radiación en los cálculos de poder de frenado y alcance, ya que la pérdida de energía de radiación Cherenkov[25] es menor del 1 % de la pérdida de energía electrónica.

3.3.6.4. Pérdida de energía electrónica y radiativa

Las partículas cargadas que viajan dentro de un material están sujetas a interacciones electromagnéticas con los electrones y núcleos del átomo. Como consecuencia, las partículas pierden energía en diferentes procesos y disminuyen su velocidad, siendo importante entender cuál es el proceso dominante. Como se puede ver de la figura 3.16, la pérdida de energía nuclear es importante solo a muy bajas energías. Si se ignoran las energías por debajo unos 100 keV, la pérdida de energía nuclear se puede despreciar y el poder de frenado total (véase ecuación 3.52) para partículas cargadas está compuesto por el poder de frenado electrónico y el poder de frenado radiativo:

$$\left(\frac{\mathrm{d}E}{\mathrm{d}x}\right)_{ele+rad} = \left(\frac{\mathrm{d}E}{\mathrm{d}x}\right)_{electrónico} + \left(\frac{\mathrm{d}E}{\mathrm{d}x}\right)_{radiativo}. \tag{3.55}$$

---

[25]El poder de frenado de radiación Cherenkov es $\left(\frac{\mathrm{d}E}{\mathrm{d}x}\right)_{Cherenkov} \sim z^2 \sin^2 \theta_c$, donde z es la carga de la partícula incidente.

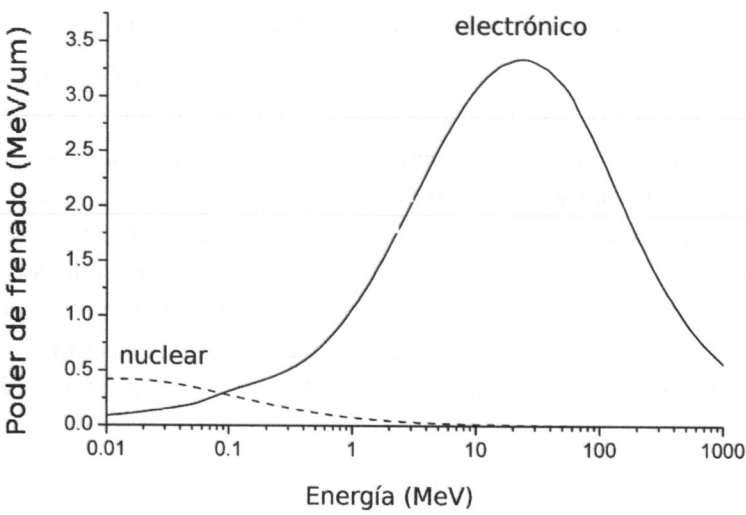

Figura 3.16: Variación del poder de frenado nuclear (linea discontinua) y electrónico (linea continua) en función de la energía por núcleo para una partícula proyectil de aluminio en un elemento de aluminio. El poder de frenado es la cantidad de energía depositada por una partícula cargada eléctricamente en un material por unidad de longitud. Se ve que el poder de frenado nuclear es más importante que el poder de frenado electrónico para energías por debajo de unos 100 keV. A energías más altas domina el poder de frenado electrónico. El poder de frenado se da en unidades de MeV/μm; (Wikimedia).

A energías de hasta el orden de los MeV-GeV, las interacciones de Coulomb con los electrones conducen a la excitación o ionización de los átomos, la *pérdida de energía electrónica*. A energías más altas, las partículas cargadas están dominadas por procesos radiativos. Por ejemplo, para los electrones con energías superiores unas pocas decenas de MeV empiezan a dominar los procesos radiativos. Los electrones interaccionan con el campo del núcleo de Coulomb y pierden parte de su energía, que se emite en forma de un fotón de radiación de frenado. Para partículas cargadas más pesadas que el electrón, los procesos radiativos solo son importantes a energías mucho más altas debido a su mayor masa (véase la ecuación 3.48). Por ejemplo, en la figura 3.18 se observa que para un muon a una energía de $\sim$100 GeV el poder de frenado cambia drásticamente debido a que entra en juego un nuevo proceso, el proceso radiativo. A energías altas, las partículas cargadas están sujetas a pérdidas radiativas, que consisten principalmente en radiación de frenado y producción de pares electrón-positrón.

En consecuencia, hay una región donde la pérdida de energía radiativa empieza a dominar sobre la pérdida de energía electrónica. En el apartado 3.3.6 ecuación 3.48 se ha mencionado que la sección transversal para radiación de frenado depende de la inversa del cuadrado de la masa de la partícula cargada. Por lo cual, para los electrones el poder de frenado radiativo domina frente al poder de frenado electrónico incluso en energías bajas (orden de unos pocas decenas de MeV):

$$\left(\frac{dE}{dx}\right)_{radiativo}^{electron} \gg \left(\frac{dE}{dx}\right)_{electrónico}^{electron}. \tag{3.56}$$

Para partículas pesadas el poder de frenado radiativo es despreciable hasta cierta energía. Para los muones[26] este poder de frenado es de unos centenares de GeV y para otras partículas cargadas más pesadas que el muón es aún más alto. Por lo tanto, para partículas más pesadas que el electrón, el poder de frenado radiativo es despreciable comparado con el poder de frenado electrónico hasta altas energías (del orden de centenares de GeV):

$$\left(\frac{dE}{dx}\right)_{radiativo}^{partícula\ pesada} \ll \left(\frac{dE}{dx}\right)_{electrónico}^{partícula\ pesada}. \tag{3.57}$$

Por ello, para energías menores de unos 100 GeV, la pérdida de energía de cualquier partícula cargada más pesada que un electrón está dominada por el poder de frenado electrónico. A energías suficientemente altas ($> \sim 1$ MeV), los procesos radiativos se vuelven más importantes que los procesos electrónicos para todas las partículas cargadas. Por lo tanto, tiene sentido que las partículas cargadas se consideren normalmente en dos grupos separados:

- las partículas cargadas pesadas y

- las ligeras.

Los electrones y positrones están en el grupo de partículas cargadas ligeras y todos los demás están en el grupo de partículas cargadas pesadas. El

---

[26]El muón es una partícula elemental similar al electrón, con una masa 200 veces mayor que el electrón.

poder de frenado de las partículas cargadas pesadas se presenta en el siguiente apartado 3.3.6.5 y el poder de frenado de las partículas ligeras en el apartado 3.3.6.7.

3.3.6.5. Partículas cargadas pesadas

Los procesos de interacción son distintos para partículas cargadas pesadas que para partículas cargadas ligeras. Ambas partículas pierden energía mediante colisiones con los electrones de los átomos del material, la pérdida de energía electrónica. Sin embargo, el intercambio de energía por colisiones es mucho mayor para partículas ligeras que para partículas pesadas. La ecuación que da la máxima energía transferida T_{max} por colisión por una partícula incidente de masa M es (Jackson 1999, Leroy & Rancoita 2011):

$$T_{max} = \frac{2m_e c^2 \beta^2 \gamma^2}{1 + 2\gamma m_e / M + (m_e / M)^2}, \qquad (3.58)$$

donde m_e es la masa del electrón.

Como se deduce de la ecuación 3.58, las partículas cargadas pesadas transfieren solo escasas cantidades de energía en colisiones ionizantes (electrónicas) individuales a los electrones del material[27]. Por lo tanto, la trayectoria de una partícula pesada a través de un material es esencialmente rectilínea, ya que sufren principalmente pequeñas desviaciones angulares en colisiones con los electrones del material. Por el contrario, para las partículas ligeras (electrones o positrones) el intercambio de energía por colisión es mucho mayor que para las partículas pesadas (véase la ecuación 3.58), ya que las masas de las partículas involucradas son iguales. En estas interacciones con grandes transferencias de energías y debido a su pequeña masa, los

---

[27]Si se cumple que $2\gamma m_e / M \ll 1$ entonces la ecuación 3.58 puede ser aproximada como $T_{max} \approx 2m_e c^2 \beta^2 \gamma^2$ (Jackson 1999, Leroy & Rancoita 2011). Esta expresión suele ser válida para partículas pesadas de baja energía y en este caso, se puede ver que la máxima energía transferida no depende de la masa M. En el límite no relativista esta expresión se puede escribir como $T_{max} \approx 4E_M m_e / M$, donde $E_M = Mc^2$ es la energía de la partícula con masa M. La pérdida relativa de energía es $T_{max}/E_M \approx 4m_e/M$. Si se considera un protón con masa $M = 938$ MeV/c^2 y un electrón con masa $m_e = 0.511$ MeV/c^2 se obtiene$T_{max}/E_M \approx 4m_e/$M=0.22 %. Esto significa que una partícula como el protón pierde solo (como máximo) 1/500 de su energía en cada colisión con los electrones del medio. Por ejemplo, un protón de 1 MeV necesita unos 500 choques para detenerse. En general, las colisiones no suelen ser frontales y la pérdida de energía será significativamente menor que T_{max}.

electrones pueden ser dispersados con ángulos muy grandes y su recorrido por el material es muy tortuoso.

Es interesante mencionar que se puede derivar el poder de frenado de partículas cargadas pesadas en un material uniforme, usando física clásica, si bien el resultado será más correcto usando la mecánica cuántica relativista. La fórmula así derivada se conoce como *ecuación de Bethe* y describe la energía perdida por distancia recorrida de partículas cargadas pesadas como muones, protones e iones que atraviesen un material. La ecuación de Bethe se obtiene asumiendo que la partícula pesada cargada colisiona con los electrones de los átomos del material y convierte su energía en ionización y excitación de los átomos. La expresión de la ecuación de Bethe (Jackson 1999, PDG 2020) describe, para partículas pesadas, el diferencial de pérdida de energía de la partícula en movimiento dividida por el diferencial de trayectoria:

$$-\left(\frac{dE}{\rho dx}\right)_{electrónico} = K\frac{Z}{A}\frac{z^2}{\beta^2}\left[\frac{1}{2}\ln\frac{2m_e c^2 \beta^2 \gamma^2 T_{max}}{I^2} - \beta^2 - \frac{\delta(\beta\gamma)}{2}\right]. \quad (3.59)$$

La ecuación de Bethe describe el poder de frenado de la masa en unidades MeV cm^2 g^{-1}.

Las propiedades de la partícula proyectil están dadas por z y $\beta = v/c$ que son la carga eléctrica y la velocidad de la partícula en movimiento, respectivamente.

Las propiedades del material absorbente están dadas por A que es la masa atómica del material absorbente (en unidades g/mol), por Z que es el número atómico del material absorbente y m_e que es la masa en reposo del electrón.

El coeficiente K es igual a $4\pi N_A r_e^2 m_e c^2$, donde r_e es el radio clásico del electrón (2.818×10^{-15} m). Este coeficiente, para el electrón, tiene el valor $K = 0.307\,\text{MeV cm}^2\,\text{mol}^{-1}$. T_{max} es la máxima energía transferida por una colisión individual dada por la ecuación 3.58.

I representa la energía de excitación e ionización del material (que normalmente son valores experimentales tabulados ya que es un parámetro difícil de obtener usando un modelo teórico). En una primera aproximación, la energía media de excitación atómica I es proporcional a Z y suele considerarse aproximadamente como $I \approx (10\,\text{eV})Z$.

El último término en la ecuación de Bethe $\delta(\beta\gamma)$ es una corrección por el efecto de la densidad de electrones sobre la pérdida de energía y es función del producto $\beta\gamma$. Este efecto de la densidad de electrones es debido a que cuando una partícula cargada atraviesa un material, ésta se polariza y el poder de frenado electrónico disminuye para una partícula negativa y aumenta para una partícula positiva. Este efecto de densidad da lugar a una corrección del poder de frenado electrónico. Este poder de frenado se ve modificado generalmente en un pequeño porcentaje debido a la contribución del último término $\delta(\beta\gamma)$ de la ecuación de Bethe.

Se observa que en la ecuación de Bethe la masa de la partícula en movimiento no aparece. La expresión de Bethe tiene una dependencia con z y β de la forma:

$$-\left(\frac{dE}{\rho dx}\right)_{electrónico} \sim \frac{z^2}{\beta^2}, \tag{3.60}$$

así que el poder de frenado de la masa depende principalmente de la carga eléctrica y la velocidad de la partícula incidente. Como se verá mas adelante en el apartado 3.3.6.6, la fórmula de Bethe es incorrecta si la energía de la partícula incidente es muy baja ($\beta\gamma < 0.1$) o si es muy alta ($\beta\gamma > 1000$). Para este rango de energías el poder de frenado de las partículas pesadas cargadas está bien descrita por la ecuación de Bethe, pero no es válida para electrones y positrones. La masa del electrón es demasiado pequeña para las aproximaciones aplicadas en la derivación de la ecuación de Bethe, ya que para los electrones por ejemplo, los efectos relativistas llegan a ser importantes a energías relativamente bajas.

Para calcular el poder de frenado de las partículas ligeras, se necesitan las ecuaciones presentadas en el apartado 3.3.6.7. También se puede ver en la figura 3.18, que la ecuación de Bethe exhibe un mínimo alrededor de $\beta\gamma \approx 3$. Las partículas cargadas con tales energías se conocen generalmente como una *partícula mínimamente ionizante* (*minimum ionizing particle*). El poder de frenado de la masa de estas partículas mínimamente ionizantes es aproximadamente universal y es de entre uno o dos MeV cm^2 g^{-1} en la mayoría de los materiales.

Como se ha mencionado anteriormente, a energías suficientemente altas, los procesos radiativos son más importantes que los procesos de ionización (pérdida de energía electrónica) para todas las partículas cargadas y están descritas por la ecuación 3.67. Estos efectos radiativos no están descritos por la ecuación de Bethe y consisten en colisiones inelásticas entre las partículas incidentes con los núcleos atómicos que genera radiación de frenado o producción de pares electrón-positrón. A muy bajas energías $\beta\gamma < 0.1$ (del orden de unos MeV para protones), la ecuación de Bethe no es aplicable y se usan fórmulas empíricas.

Como se ha visto, cuando una partícula cargada pesada de baja energía atraviesa un material, va perdiendo continuamente energía por interacciones electromagnéticas, ionizando átomos. Esta pérdida de energía está descrita principalmente por la fórmula de Bethe, si ignoramos la pérdida energía nuclear. A medida que la partícula cargada pasa a través de la materia, su energía y velocidad disminuye y en consecuencia, la ionización aumenta. Esto da como resultado una rápida pérdida de energía de las partículas a lo largo de una distancia muy pequeña, lo que produce un pico característico que se conoce como el *pico de Bragg* (véase figura 3.17). El pico de Bragg se produce porque la energía perdida por la partícula cargada es inversamente proporcional al cuadrado de su velocidad (véase la ecuación 3.60), lo que explica que el pico ocurra justo antes de que la partícula se detenga por completo. Por ejemplo, los perfiles de deposición de energía de los protones de MeV (hasta unos cientos de MeV) se caracterizan por un pico de Bragg (véase figura 3.17). Comparada con los electrones, la desviación angular de los protones al disminuir su velocidad es mucho menor y muchos protones se detienen dentro de una cierta profundidad. Dado que la pérdida media de energía por unidad de longitud es mayor hacia el final de su trayectoria (véase la ecuación de Bethe), la deposición de energía se eleva bruscamente antes de que los protones se detengan.

Además, para entender el proceso que sufren las partículas cargadas que atraviesan un material es útil considerar la siguiente imagen física. La ionización que produce una partícula cargada a lo largo de su trayecto va acompañada de la transferencia de energía cinética a los electrones de los átomos que se llaman *electrones secundarios*. Cabe la posibilidad de que estos electrones secundarios posean energías cinéticas capaces de continuar ionizando el material y cuando se alejan sensiblemente de la trayectoria del la partícula inicial se pueden distinguir por sí solos. Esta libcralización de electrones secundarios son denominados también *rayos delta*. Por lo tanto puede haber ionización secundaria producida en una región amplia que envuelve a la trayectoria original, que es sensiblemente recta. La forma de la zona donde se deposita energía es una región casi cilíndrica de radio de unos cuantos nm y longitud dada por el alcance $R(E)$.

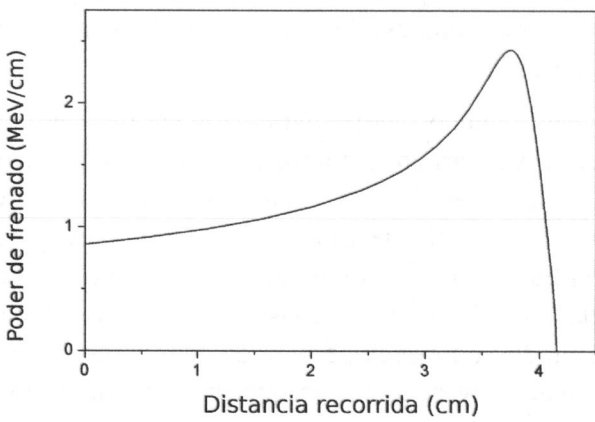

Figura 3.17: Variaciones del poder de frenado en función de la distancia recorrida cuando una partícula cargada atraviesa un material antes de detenerse. En la figura se puede apreciar la típica curva de Bragg de unas partículas alfa de 5.49 MeV en el aire. A medida que la partícula alfa pasa a través de la materia, su energía y velocidad disminuye y en consecuencia, el poder de frenado aumenta. Esto da como resultado una rápida pérdida de energía de las partículas sobre una distancia muy pequeña, que se denomina *pico de Bragg*. Este pico describe la rápida transferencia de la energía cinética de la partícula alfa antes de que se llegue a parar en el material. El pico de Bragg se produce porque la energía perdida por la partícula cargada es inversamente proporcional al cuadrado de su velocidad (véase la ecuación 3.60), lo que explica que el pico ocurra justo antes de que la partícula se detenga por completo; (Wikimedia, H. Paul).

En la figura 3.17 se muestra cómo el poder de frenado de las partículas alfa de 5.49 MeV aumenta mientras la partícula atraviesa el aire, hasta alcanzar el pico de Bragg. También se muestra que el alcance de dichas partículas alfa en el aire es unos 4 cm ($R(5.49\,\mathrm{MeV})_{\mathrm{alfa\,en\,aire}} = 4\,\mathrm{cm}$). El fenómeno del pico de Bragg se explota en el tratamiento del cáncer mediante terapia de protones. Un haz de protones se usa para concentrar una alta cantidad energía en un sitio muy localizado e interior donde se está tratando el tumor. La principal ventaja de la terapia de protones sobre otros tipos de radioterapia es que la energía se deposita en un rango estrecho de profundidad y hay una mínima energía depositada en el tejido sano circundante.

En el próximo apartado se presenta el poder de frenado electrónico y radiativo para un amplio rango de energía en el caso de una partícula pesada que atraviesa un material.

3.3.6.6. Pérdida de energía de muones

En la figura 3.18 se muestra una gráfica del poder de frenado de la masa de tipo electrónico y radiativo para los muones positivos con cantidad de movimiento entre $100\,\text{keV}/c$ y $100\,\text{TeV}/c$ que atraviesan un elemento de cobre. El muón es una partícula elemental similar al electrón (en realidad el gran hermano), con una masa 200 veces mayor que el electrón. Por ese motivo, el muón está en el grupo de partículas cargadas pesadas. La masa del muón en reposo es $m_\mu = 105\,\text{MeV}/c^2$. Se recuerda que la cantidad de movimiento relativista de una partícula es (Jackson 1999):

$$p = \gamma m \upsilon = \frac{m\upsilon}{\sqrt{1-\beta^2}} = mc\beta\gamma, \tag{3.61}$$

donde $\beta = \upsilon/c$ y υ es la velocidad de la partícula.

La línea continua muestra la suma de los poderes de frenado electrónico y radiativo. El poder de frenado electrónico es causado por efectos de colisión con los electrones atómicos y se denomina también *poder de frenado de colisión* o *poder de frenado de ionización*. Este poder de frenado es la pérdida de energía de una partícula cargada que colisiona con los electrones atómicos del medio y que transfieren su energía en ionización y excitación de estos átomos. El poder de frenado radiativo es la suma de la producción de pares electrón-positrón, radiación de frenado y contribuciones fotonucleares.

Como se ve en la figura 3.18, el poder de frenado radiativo es dominante a energías altas, a partir de unos pocos cientos de GeV, y a energías más bajas domina el poder de frenado electrónico. El poder de frenado electrónico por muones (o partículas cargadas más pesadas) viene descrito por la ecuación de Bethe, que se presenta en la ecuación 3.59. Esta ecuación es válida por encima de unos pocos MeV hasta unos pocos cientos de GeV. A energías más bajas que a las que se aplica la ecuación de Bethe el poder de frenado electrónico está descrito por fórmulas empíricas.

Como se presenta en la figura 3.18 y se ha mencionado anteriormente, el poder de frenado de la masa es expresado en unidades de MeV cm^2 g^{-1} y depende muy poco del material. Para convertirla en unidades de MeV/cm hay que tener en cuenta lo denso que es el material. Así que el poder de

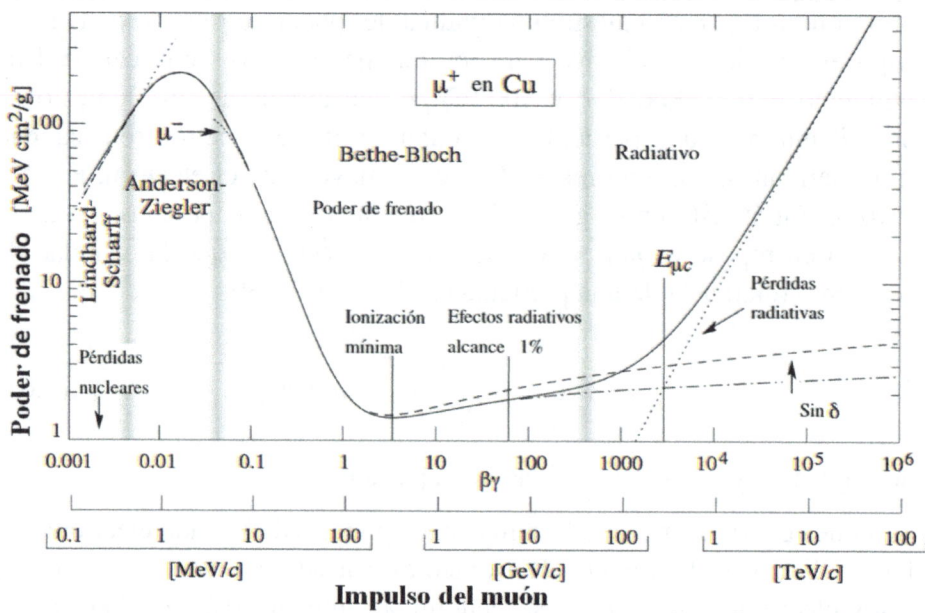

Figura 3.18: Variaciones del poder de frenado de la masa $(= -\frac{dE}{\rho dx})$ en función de $\beta\gamma$ e impulso p (relacionado por $\beta\gamma = p/m_\mu c$) para una partícula proyectil (muón) con una masa $m_\mu = 105\,\text{MeV}/c^2$ en un material de cobre. La dependencia del poder de frenado con la energía es una función complicada debido a que hay cuatro regiones en las que se emplean distintos modelos para explicar el poder de frenado. Las bandas verticales indican los límites entre las diferentes aproximaciones para calcular el poder de frenado causados por los diferentes canales de interacción. Línea continua: poder de frenado total. Línea de puntos: poder de frenado radiativo. Línea alternada: poder de frenado calculado por la ecuación de Bethe. El rango central ($\sim$0.1$< \beta\gamma$ $<\sim$1000) se describe por la ecuación de Bethe (apartado 3.3.6.5). El poder de frenado de la masa se da en unidades de MeV cm^2 g^{-1} para que se pueda multiplicar por la densidad de cualquier material y calcular el poder de frenado en MeV/cm. La pérdida de energía depende de la cantidad relativista $\beta\gamma$ que puede convertirse en impulso $p = m_\mu c\beta\gamma$, como se hace aquí para los muones; (PDG 2020).

frenado en unidades de MeV/cm es $\rho \frac{dE}{dx}$, donde ρ es la densidad del material en g/cm^3. Por lo tanto, en la práctica, aunque la figura 3.18 se refiere a los muones interaccionando con cobre, se puede utilizar para calcular la pérdida de energía del muón en cualquier otro material multiplicándolo por la densidad del material. Para calcular la pérdida de energía por cualquier tipo de partícula cargada, hay disponibles tablas muy detalladas en (NISTICRU 1993) y en la página web https://pdg.lbl.gov/2023/AtomicNuclearProperties/.

Según la energía de la partícula proyectil, en general se pueden identificar cuatro regiones (véase figura 3.18) en las que se emplean distintos modelos para explicar el poder de frenado electrónico y radiativo. Los límites de estas regiones varían según la partícula incidente y el material atravesado. En términos generales, en la región intermedia (región Bethe-Bloch) el impulso de la partícula incidente es mucho mayor que la velocidad orbital de los electrones en el material, y el poder de frenado muestra un comportamiento $\frac{1}{\beta^2}$. En la región de más altas energías de la partícula proyectil (región radiativa) es tan elevada que se requiere un tratamiento relativista para describir el gradual aumento lineal (véase la ecuación 3.67) del poder de frenado con la energía. En la región de más bajo impulso (región Lindhard-Scharff), se observa un crecimiento aproximadamente lineal con el impulso de la partícula incidente. Finalmente, la región de Anderson-Ziegler es de transición entre las otras dos regiones.

3.3.6.7. Electrones y positrones

Para los electrones y positrones, las pérdidas radiativas son importantes a energías mucho más bajas que para las partículas pesadas. En la figura 3.19 se ilustra el poder de frenado por colisión o poder de frenado electrónico (combinación de ionización y excitación de los átomos) y el poder de frenado radiativo para un electrón en aluminio. Puede apreciarse que las pérdidas radiativas empiezan a dominar por encima del orden de unas decenas MeV.

Para bajas energías, los electrones y positrones pierden energía principalmente por el poder de frenado electrónico, aunque otros procesos también contribuyen a ello[28]. Estos procesos están especificados en la referencia (PDG 2020). El poder de frenado dado por la ecuación de Bethe (ecuación 3.59) necesita ser modificado ya que la masa de la partícula

---

[28]La interacción de los electrones atómicos con el electrón incidente se conoce como *dispersión Möller*, y como *dispersión Bhabha* para los positrones.

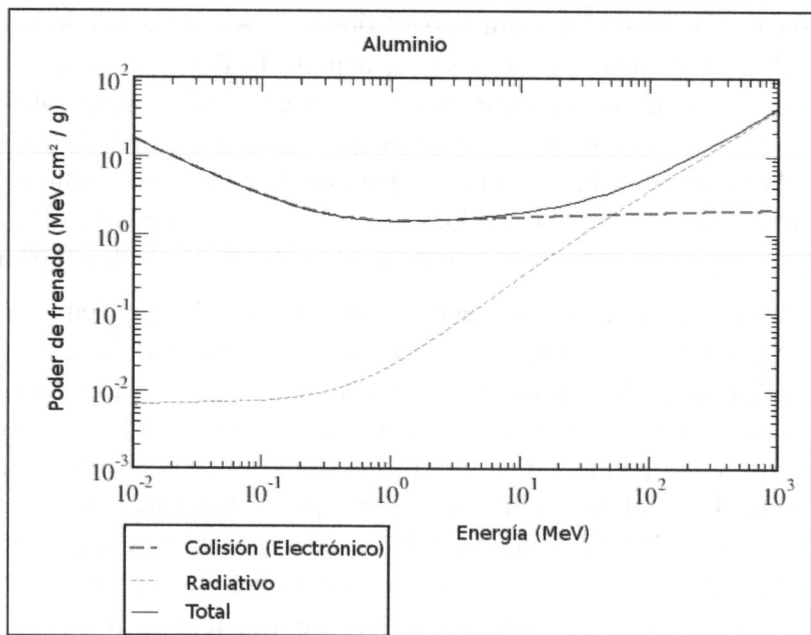

Figura 3.19: Variacion del poder de frenado de la masa en función de la energía del electrón atravesando aluminio, usando la *aproximación de la desaceleración continua* generado mediante la base de datos de National Institute of Standards and Technology (NIST). El poder de frenado del electrón se obtiene multiplicando por la densidad de aluminio. El poder de frenado del electrón por el aluminio es la suma del poder de frenado por colisión (poder de frenado electrónico) y el poder de frenado radiativo. Se observa que la energía crítica definida en ecuación 3.66 es de 50 MeV; (NIST 2017).

incidente es la misma que la del electrón atómico. Además, los efectos relativistas para las partículas ligeras llegan a ser importantes a energías relativamente bajas. El poder de frenado electrónico para electrones[29] se expresa de la siguiente manera (PDG 2020):

$$-\left(\frac{dE}{\rho dx}\right)_{ele} = \frac{1}{2}K\frac{Z}{A}\frac{1}{\beta^2}\left[\ln\frac{m_e c^2\beta^2\gamma^2\left\{m_e c^2\left(\gamma-1\right)/2\right\}}{I^2} + (1-\beta^2)\right.$$
$$\left. -\frac{2\gamma-1}{\gamma^2}\ln 2 + \frac{1}{8}\left(\frac{\gamma-1}{\gamma}\right)^2 - \delta(\beta\gamma)\right], \quad (3.62)$$

---

[29]El poder de frenado difiere un poco para los electrones y los positrones.

donde $\delta(\beta\gamma)$ es una corrección por efecto densidad de electrones a la pérdida de ionización y Z el número atómico del material. El subíndice *ele* recuerda que es una pérdida de energía electrónica de los electrones que, o bien ioniza, o bien excita a los electrones de los átomos. El término logarítmico puede ser comparado con el término logarítmico en la ecuación de Bethe (véase la ecuación 3.59) sin mas que sustituir $T_{max} = m_e c^2 (\gamma - 1)/2$.[30]

El poder de frenado electrónico para positrones es (PDG 2020):

$$-\left(\frac{dE}{\rho dx}\right)_{ele} = \frac{1}{2}K\frac{Z}{A}\frac{1}{\beta^2}\left[\ln\frac{m_e c^2 \beta^2 \gamma^2 \{m_e c^2 (\gamma - 1)\}}{2I^2} + 2\ln 2\right.$$

$$\left. -\frac{\beta^2}{12}\left(23 + \frac{14}{\gamma + 1} + \frac{10}{(\gamma + 1)^2} + \frac{4}{(\gamma + 1)^3}\right) - \delta(\beta\gamma)\right]. \quad (3.63)$$

El coeficiente K es igual al coeficiente de frenado de Bethe para las partículas pesadas cargadas. La diferencia del poder de frenado electrónico entre un electrón y una partícula cargada pesada de la misma energía viene dada solo por la diferencia en velocidad entre estas dos partículas, ya que la velocidad del electrón es muy superior a la velocidad de la partícula pesada. Por lo tanto, ignorando los términos logarítmicos y otras correcciones, el poder de frenado de un material para un electrón es muy inferior al correspondiente para una partícula pesada, del orden de 1000 veces o menos. Consecuentemente, el alcance del electrón en un material es unas 1000 veces mayor que el de la partícula pesada de la misma energía.

Los electrones y positrones de más altas energías experimentan grandes aceleraciones debido a la interacción electromagnética con el núcleo y emiten radiación de frenado. El poder de frenado para electrones y positrones a altas energías está descrito por (Koch & Motz 1959):

$$-\left(\frac{dE}{\rho dx}\right)_{rad} = 4\frac{N_A}{A}\frac{1}{137}r_e^2 Z^2 E\left(\ln\frac{2E}{m_e c^2} - \frac{1}{3}\right), \quad (3.64)$$

donde el subíndice *rad* denota que es una pérdida de energía radiativa. Los factores E y Z^2 del numerador indican que las pérdidas radiativas son más

---

[30]Debido al fenómeno de la indistinguibilidad cuántica de los electrones incidentes con los electrones atómicos es esencial asignar como electrón primario al que tenga mayor energía después de la interacción. Por esta razón el electrón solo puede ceder como máximo la mitad de su energía $T_{max} = m_e c^2 (\gamma - 1)/2$, mientras que el positrón puede ceder toda su energía al electrón atómico $T_{max} = m_e c^2 (\gamma - 1)$.

importantes para electrones de alta energía y materiales de elevado número atómico.

El poder de frenado total de los electrones y positrones es la suma de las contribuciones de poder de frenado electrónico y poder de frenado radiativos (Berger & Seltzer 1964 y también ecuación 3.55):

$$\frac{dE}{dx} = \left(\frac{dE}{dx}\right)_{ele} + \left(\frac{dE}{dx}\right)_{rad}. \tag{3.65}$$

En la figura 3.19 se presenta el poder de frenado del electrón por el aluminio desde 0.01 MeV hasta 1000 MeV. Este poder de frenado es la suma del poder de frenado electrónico (ionización y excitación) y el poder de frenado radiativo. Mientras que las tasas de pérdida electrónica aumentan logarítmicamente con la energía (véase ecuaciones 3.62 y 3.63), las pérdidas radiativas aumentan linealmente (véase la ecuación 3.64). La energía, a la que se igualan el poder de frenado electrónico y radiativo se denomina generalmente energía crítica E_c (Berger & Seltzer 1964):

$$\left(\frac{dE}{dx}\right)_{ele} (E_c) = \left(\frac{dE}{dx}\right)_{rad} (E_c). \tag{3.66}$$

La energía crítica E_c es unas pocas decenas de MeV en la mayoría de los materiales. Los valores de E_c tanto para los electrones como para los positrones en más de 300 materiales se pueden encontrar en https://pdg.lbl.gov/2023/AtomicNuclearProperties/index.html. A energías más bajas de E_c la pérdida electrónica es el efecto dominante. A energías más altas de E_c la pérdida radiativa es dominante. Como se muestra en la figura 3.19 y también se deduce de la ecuación 3.64, a energía altas el poder de frenado radiativo es linealmente proporcional a la energía del electrón. Así que el poder de frenado puede escribirse como (Jackson 1999):

$$\frac{dE}{dx} \approx \frac{E}{X_0}, \tag{3.67}$$

donde X_0 es la *longitud de radiación*. X_0 ha sido calculado y tabulado por Tsai 1974. X_0 tiene unidades de cm, pero se usa a menudo $X_0' = X_0 \rho$ que es medida en unidades de g/cm^2.

La ecuación diferencial 3.67 se puede integrar y se obtiene:

$$E(x) = E_0 \exp\left(-\frac{x}{X_0}\right), \tag{3.68}$$

donde E_0 es la energía en $x = 0$.

Esto significa que la energía de los electrones de alta energía disminuye exponencialmente con la distancia recorrida en un material. La longitud de la radiación es la distancia necesaria para reducir la energía de un electrón de alta energía en un factor de 1/e.

La longitud de radiación es también una longitud característica para la penetración de fotones de alta energía (> algunos MeV) en la materia. Se observa en la figura 3.14 que la sección transversal de los fotones $\sigma_{\gamma \to e^+ + e^-}$ (la producción de electrón-positrón pares) es casi constante a altas energías y se puede escribir (Lechner 2018, PDG 2020) como:

$$\sigma_{\gamma \to e^+ + e^-} \approx \frac{7}{9} \frac{M_{mol}}{\rho N_A X_0} \tag{3.69}$$

donde M_{mol} es la masa molar y ρ la densidad del material. Por lo tanto, el camino libre medio también es constante a altas energías y se obtiene:

$$\lambda_{\gamma \to e^+ + e^-} \approx \frac{9}{7} X_0. \tag{3.70}$$

Esto significa que la longitud de radiación es alrededor 7/9 del camino libre medio de los fotones de altas energías y por lo tanto, determina la probabilidad de transmisión de los fotones, es decir,

$$I(x) = I_0 \exp\left(-\frac{7}{9}\frac{x}{X_0}\right), \tag{3.71}$$

donde $I(x)$ es la intensidad de los fotones a la distancia x en el material.

En el estudio del paso de los rayos cósmicos a través de la materia, la longitud de la radiación es una unidad conveniente de emplear, ya que no solo la pérdida de energía radiativa está gobernada por ella, sino también la producción de pares electrón-positrón por los fotones de la radiación, y así todo el desarrollo de la cascadas electromagnéticas (Jackson 1999). La longitud de radiación es una cantidad importante para describir las características longitudinales de las cascadas electromagnéticas, que se presentará en el próximo apartado.

3.3.7. Cascadas electromagnéticas

Los electrones y positrones de altas energías (> ~10 MeV) pierden energía en la materia mayoritariamente por la radiación de frenado, y los fotones de altas energías ($> \sim 10$ MeV) por producción de pares electrón-positrón. La cantidad característica de materia atravesada por estas interacciones está relacionada con la longitud de radiación X_0. Como ya se ha comentado previamente, de la ecuación 3.68 se deduce que la distancia media a la que un electrón o positrón de alta energía pierde toda su energía salvo una fracción 1/e. También es la longitud de escala apropiada para describir las *cascadas electromagnéticas* de altas energías.

Si una partícula de alta energía interactúa con la materia, produce una cascada de *partículas secundarias*. La partícula primaria incidente interactúa, produciendo múltiples partículas nuevas de menor energía, denominadas a menudo como partículas secundarias, donde la producción principal es la producción de electrón-positrón y la radiación de frenado. Cada una de las nuevas partículas secundarias interactúa entonces de la misma manera y el proceso continúa hasta que se producen muchos miles, millones o incluso más, partículas de baja energía que son entonces detenidas en la materia y absorbidas. El número de partículas secundarias generadas depende de la energía que tiene la partícula primaria que inicia la cascada. Este tipo de cascadas necesitan un mínimo de energía para generar suficiente número de partículas secundarias. Solo si los fotones, electrones y positrones primarios tienen energía superior a un orden de un GeV se considera una cascada electromagnética.

Existen dos tipos básicos de cascadas. Por un lado, están las cascadas electromagnéticas, que son producidas por una partícula que interactúa principalmente o exclusivamente a través de la fuerza electromagnética y es normalmente iniciada por un fotón o un electrón. El otro tipo son las *cascadas hadrónicas* producidas principalmente por hadrones (es decir, núcleos atómicos y otras partículas hechas de quarks, que son los constituyentes fundamentales de los protones y neutrones) e interactúan principalmente a través de la fuerza fuerte.

3.3.8. Resumen de partículas que atraviesan la materia

En términos generales se puede resumir este apartado 3.3 diciendo que la interacción de la radiación espacial con los electrones del material es el proceso dominante, debido a la elevada sección transversal de los electrones y al estar presente en gran número en cualquier material. Estas interacciones de Coulomb con los electrones se denomina generalmente *procesos electrónicos* y consisten en la ionización y la excitación de los electrones de los átomos.

Algunas veces, y con menos frecuencia que con los electrones, las partículas incidentes interactúan con los núcleos del material, los nombrados *procesos nucleares*. En estos casos esporádicos, existe la posibilidad de que se produzca un desplazamiento del átomo de su posición original y se pueda generar un daño estructural en el material.

A través de estos dos procesos, las partículas incidentes depositan parte de su energía en el material que atraviesan. Parte de esta energía depositada se trasforma en energía térmica, elevando la temperatura del material. Otra parte de la energía depositada también puede provocar reacciones químicas y cambios de estructura en la materia. En general, todos estos procesos transfieren energía de la radiación espacial al material de las naves espaciales y puede generar efectos no deseados en una misión.

Naturalmente, el tipo de radiación y su energía son parámetros determinantes para estimar los efectos de la radiación espacial producidos en los materiales. También influyen las características del material que absorbe la radiación, como la densidad, el número atómico y el peso molecular. Por lo tanto, partículas cargadas pesadas y ligeras, como los protones y los electrones, y las partículas sin carga como los fotones o los neutrones, interaccionan de manera distinta y necesitan ser caracterizados por separado. De estas partículas que están presentan en la radiación espacial, se pueden resaltar algunas de las siguientes características.

Para las partículas cargadas pesadas que atraviesan un material, los procesos físicos más importantes son los procesos electrónicos (excitación e ionización de los electrones de los átomos), los procesos nucleares (desplazamiento de los átomos) y los procesos radiativos (emisión de ondas electromagnéticas). Las partículas cargadas pesadas de moderada energía presentan poder de frenado electrónico y nuclear, y depositan gran cantidad de energía por distancia recorrida. Estos procesos generan calentamiento, reacciones químicas y cambios de propiedades físicas de los materiales. Las trayectorias de las partículas cargadas pesadas son casi rectas y tienen alcances bien definidos que dependen de sus energías.

Al igual que las partículas cargadas pesadas, las partículas cargadas ligeras (electrones y positriones) interactúan principalmente con los electrones de los átomos del material y mucho menos frecuentemente con los núcleos de los átomos. Los electrones y positrones estan sometido al poder de frenado electrónico y radiativo, y depositan menos energía por distancia recorrida que las partículas pesadas. En comparación con las partículas pesadas, las partículas ligeras tienen siempre carga de una unidad y son puntuales (no tienen estructura). Además, debido a su pequeña masa, las partículas ligeras necesitan un tratamiento relativista incluso a bajas energías. Las trayectorias de las partículas ligeras son tortuosas y los alcances son mayores y peor definidos que en el caso de las partículas pesadas.

Al contrario que las partículas cargadas, las partículas sin carga eléctrica, como los fotones, no presentan poder de frenado, sino que son atenuados y la intensidad de los fotones disminuye exponencialmente con el espesor del material atravesado. Las trayectorias de los fotones son rectas y depositan su energía a través de procesos como el *efecto fotoeléctrico*, la *dispersión Compton* y la *producción de pares electrón-positrón*. Además y para finalizar, los neutrones que carecen de carga eléctrica, interactúan solo con los núcleos del material a través de la fuerza fuerte. Como la fuerza fuerte es de corto alcance, esto hace que la sección transversal de dispersión, absorción o de otro proceso nuclear sea relativamente pequeña. En consecuencia, los neutrones que se propagan a través de un material tienen un camino libre medio grande. El deposito de energía más común para los neutrones es a través de la dispersión o absorción y la intensidad de neutrones disminuye exponencialmente con el espesor del material atravesado.

En este apartado 3.3 se ha resumido los procesos físicos más relevantes de interacción entre la radiación y un material. Una característica de todos estos procesos es que son estocásticos. Cada interacción entre una partícula y el material con su sección transversal, su transferencia de energía y su camino libre medio, obedece a las ecuaciones que se han presentados en este apartado. Sin embargo, estos procesos son aleatorios y están cuantificados mediante distribuciones de probabilidad. Estos procesos se implementan en simulaciones numéricas del tipo de Monte Carlo, donde es necesario caracterizar las propiedades y la distribución de un conjunto de partículas incidentes y las propiedades y distribución de los átomos del material. En la práctica se usan códigos de simulación Monte Carlo ya existentes, que están dedicados al transporte de radiación en los diferentes materiales (véase apartado 3.5). Una vez presentada la interacción de la radiación con el material de un satélite, a continuación se detalla los efectos de la radiación sobre los componentes eléctricos, electrónicos y en los astronautas.

3.4. Efectos de la radiación espacial

Los efectos de la radiación espacial son una de las mayores amenazas para la seguridad de las misiones, no solo para la tripulación sino también para los sistemas electrónicos. Para garantizar el éxito de las misiones es fundamental la fiabilidad de los sistemas electrónicos. Los efectos causados por el paso de una sola partícula energética a través de un dispositivo electrónico, pueden suponer desde la pérdida de datos hasta el fallo total de la misión. Un problema típico causado por la radiación, supone que una sola partícula cargada de alta energía pueda emitir miles de electrones en el material que atraviesa, provocando ruido eléctrico e impulsos de señales no deseados. Estas señales espurias pueden causar resultados inexactos o ininteligibles en los comandos informáticos de un circuito digital. En general, la radiación puede hacer que los componentes electrónicos se deterioren más rápidamente, como por ejemplo, los paneles solares usados en satélites, que se degradan lentamente a causa de la radiación y generan menos electricidad con el tiempo.

Las misiones suelen usar diferentes procedimientos para mitigar el impacto del fallo de un componente electrónico debido a la exposición a radiación. Estos procedimientos implican desde el uso de técnicas de corrección de errores para la memoria de datos, hasta el uso de subsistemas redundantes. En algunos casos, la solución más eficaz consiste en apagar los subsistemas en los momentos en que el entorno de radiación es muy alto. Aunque esta acción puede significar que no se recopilarán datos en estos periodos, ésto permite minimizar el riesgo de daño de algunos subsistemas. Un ejemplo muy común en las misiones, consiste en interrumpir el funcionamiento de los subsistemas mientras se atraviesa la región de la Anomalía del Atlántico Sur. Otra opción para mitigar los efectos no deseados por la radiación, supone usar componentes que son especialmente resistentes a la radiación. Así que se emplean tanto componentes electrónicos como sensores tratados con diversos métodos de fortalecimiento contra la radiación. Estos componentes especialmente fabricados son destinados principalmente al mercado militar o aeroespacial.

En el diseño de naves espaciales, el objetivo es asegurar el correcto funcionamiento de los sistemas vitales. Para ayudar al proceso de desarrollo de una misión y asegurar que el personal técnico homologa el correcto funcionamiento de los sistemas, existen diferentes organizaciones internacionales para generar normas y reglas comunes para los proyectos espaciales. *The European Cooperation for Space Standardization (ECSS)* es el organismo que ha establecido las reglas básicas y los principios generales aplicables a los componentes electrónicos y tripulación sometidos a la radiación. La norma ECSS-E-ST-10-12C: "Método para el cálculo de la radiación recibida y sus efectos, así como una política de márgenes de diseño"; y la norma ECSS-E-ST-10-12A: "Cálculo de la radiación y sus efectos y manual de política de márgenes", desarrollan los criterios a tener en cuenta para cuantificar efectos de radiación en dispositivos y astronautas. Esta radiación puede ser tanto de origen natural proveniente del espacio como radiación artificial, por ejemplo la creada por un satélite. En el apartado 3.6 y en el apéndice A de este libro se puede encontrar más información sobre estas normas.

La comprensión detallada de la fiabilidad o supervivencia de los dispositivos electrónicos expuestos a la radiación es fundamental para tomar decisiones acertadas para el éxito de la misión. Ya se ha comentado en la introducción (apartado 3.1) que los aspectos a tener en cuenta respecto el impacto de la radiación espacial son principalmente:

1. *La órbita del satélite.* Se examinan las posibles órbitas del satélite para elegir la que mejor se adecúe al objetivo de la misión, teniendo en cuenta el inicio y la duración total de la misma.

2. *Las fuentes de radiación.* Se necesita un modelo de impacto de la radiación lo más conservador posible para evaluar en qué medida las amenazas de radiación pueden comprometer los objetivos de la misión.

3. *La interacción de la radiación con el material.* Se estudian los modelos físicos para predecir la energía depositada en el material, en los componentes eléctricos y en la tripulación por las fuentes de radiación existentes que se han estimado en el punto anterior. Muchas veces se usan datos reales de la exposición de dispositivos a fuentes de radiación en laboratorios terrestres como estimación del rendimiento de los dispositivos en órbita.

4. *Los efectos de radiación en el equipo espacial.* Se definen los modelos de respuesta de los dispositivos anteriormente mencionados para predecir y analizar los efectos de radiación en el equipo espacial. Por ejemplo, se cuantifica la degradación del rendimiento de los componentes eléctricos o las dosis acumuladas en la tripulación a lo largo de la duración de la misión.

En los siguientes apartados se abordarán los efectos de la interacción de las partículas de alta energía y los fotones con la materia (como por ejemplo la microelectrónica y la tripulación). Previamente se introducen las magnitudes y las unidades utilizadas para expresar los efectos de radiación.

3.4.1. Magnitudes y unidades de radiación

Existen dos fuentes de origen natural que son responsables de la emisión de radiación: las fuentes de origen espacial (como los rayos cósmicos) y las fuentes de origen terrestre (como los átomos con núcleos inestables, que emiten radiactividad). Tanto la radiactividad como la radiación espacial y sus efectos se miden con unidades diferentes. De una parte, hay unidades que miden la cantidad de radiactividad en un material y, de otra parte, hay unidades de radiación que miden la dosis que recibe un material (o astronauta) de un flujo de partículas o fuente radiactiva. Cada medida describe un aspecto distinto de la radiación.

La radiactividad se conoce como la cantidad de radiación emitida por un material debido a la desintegración de núcleos radiactivos, que pueden emitir partículas alfa, electrones, fotones, neutrinos o neutrones. La *actividad A(t)* (o la radiactividad) del material radiactivo se define como el número medio de procesos de desintegración que experimenta por un periodo de tiempo $\frac{\mathrm{d}N(t)}{\mathrm{d}t}$ y es proporcional al número de núcleos radiactivos presentes $N(t)$:

$$A(t) = -\frac{\mathrm{d}N(t)}{\mathrm{d}t} = \lambda N(t), \qquad (3.72)$$

donde λ es una constante de proporcionalidad que se denomina constante de desintegración.

La ecuación diferencial 3.72 se puede integrar y se obtiene la *ley del decaimiento radiactivo* que permite calcular al número de núcleos radiactivos

$N(t)$ presentes en un tiempo t dado por:

$$N(t) = N_0 \exp(-\lambda t),\tag{3.73}$$

donde N_0 es el número de núcleos en el tiempo $t = 0$.

El *becquerel* (Bq) *es la unidad de actividad* definida en el Sistema Internacional (SI) equivalente a una desintegración por segundo. Otra unidad equivalente, anterior al becquerel, es la unidad denominada curie (Ci), donde 1 curie $= 3.7 \times 10^{10}$ becquereles. El becquerel no recoge la cantidad total de energía absorbida por un material. Para ello se utiliza la medida de dosis que se explica a continuación.

La *dosis de radiación* se expresa en términos de energía absorbida por unidad de peso. Está relacionada con el número de ionizaciones producidas dentro de un material (equipo o astronauta) y puede ser descrita por la *dosis absorbida D* (o dosis equivalente) en un material, que se define como (ICRP 1991):

$$D = \frac{\mathrm{d}\bar{E}}{\mathrm{d}m},\tag{3.74}$$

donde $\mathrm{d}\bar{E}$ es la energía media transmitida por la radiación a un material de masa $\mathrm{d}m$.

La dosis absorbida describe la cantidad de radiación absorbida por un material y es equivalente a un joule por kg de sustancia. La unidad para la *dosis absorbida es el gray* (Gy) que es la unidad SI (1 Gy = 1 julio/kg) o también se utiliza la unidad rad, siendo un gray equivalente a 100 rads. El gray no manifiesta los efectos que tiene la radiación sobre los seres vivos, porque no es lo mismo una dosis absorbida en forma de fotones o electrones que la misma dosis recibida en forma de partículas más pesadas como neutrones, protones o iones. Las partículas pesadas hacen mucho más daño en tejidos que fotones y electrones.

Por este motivo se ha introducido la dosis equivalente que describe la cantidad de radiación absorbida por un astronauta, ajustada para representar el tipo de radiación recibida y el efecto en órganos específicos. La unidad utilizada para la *dosis equivalente es el sievert* (Sv) que es la unidad SI o también se utiliza la unidad rem, siendo 1 Sv equivalente a 100 rems. Esta dosis absorbida refleja el hecho de que el daño biológico causado por una partícula depende no solo de la energía total depositada sino también de la tasa de pérdida de energía por unidad de distancia recorrida por la partícula (la transferencia lineal de energía)[31]. Por ejemplo, las partículas alfa son más nocivas por unidad de energía depositada que los electrones. Este efecto puede representarse por un número adimensional que recibe la denominación de *factor de calidad*, y que expresa el grado de agresividad de los diferentes tipos de radiación en su comparación con fotones (rayos X). El factor de calidad se denomina también *eficacia biológica relativa*.

Se considera que el factor de calidad es 1 para los fotones y electrones y 20 para las partículas alfa o iones pesados. Estos valores son fijos para todas partículas anteriormente mencionadas y para todas las energías incidentes. Para los neutrones, el factor de calidad adoptado varía de 5 a 20, dependiendo de la energía de los neutrones (ICRP 1991). La *dosis equivalente H* en un punto de un órgano se define como (ICRP 1991):

$$H(\text{en Sv}) = D(\text{en Gy}) \times Q, \tag{3.76}$$

donde D es la dosis absorbida y Q es el factor de calidad en ese órgano.

Puesto que el factor de calidad es un número adimensional, la unidad para la dosis equivalente en un órgano o tejido es la misma que para la dosis absorbida, es decir: julio/kg. Sin embargo, se utiliza el nombre especial de sievert para distinguir claramente cuando se está hablando de dosis equivalente H y cuando se está hablando de dosis absorbida D o de kerma[32] que son magnitudes de radiación que no tienen en cuenta posibles efectos biológicos. Como se deduce de la ecuación 3.76, la dosis equivalente es igual a la dosis absorbida multiplicada por el factor de calidad. Así que 1 Sv es

---

[31]Se define la transferencia lineal de energía L_Δ de un material para partículas cargadas como:

$$L_\Delta = \frac{\mathrm{d}E}{\mathrm{d}l}, \tag{3.75}$$

donde $\mathrm{d}E$ es la pérdida de energía por una partícula cargada al atravesar la longitud $\mathrm{d}l$ a causa de aquellas colisiones con electrones del material en las que la transferencia de energía es menor que una cantidad de energía Δ. Esto significa que los electrones ionizados con energía cinética inicial superior a una cantidad de energía Δ y su pérdida de energía están excluidos en L_Δ. La unidad de la transferencia lineal de energía es la misma que el poder de frenado (apartado 3.3.6.1) con el que está estrechamente relacionado.

[32]El kerma es el acrónimo en inglés (*kinetic energy released per unit mass*) de energía cinética media $\mathrm{d}\bar{E}$ liberada, por partículas ionizantes no cargadas (neutrones y fotones), por unidad de masa $\mathrm{d}m$ y se corresponde a $K = \frac{\mathrm{d}\bar{E}}{\mathrm{d}m}$ (unidad: julio/kg o Gy, la misma que para la dosis absorbida). El kerma $K = K_{ele} + K_{rad}$ es la suma del kerma electrónico K_{ele} y radiativo K_{rad}.

igual a 1 Gy si la radiación se absorbe en forma de fotones o electrones, de 5 a 20 Sv si se absorben neutrones, y 20 Sv si son partículas alfa o iones pesados.

La dosis equivalente y la dosis absorbida que se han presentado más arriba se refieren a órganos específicos. Además, se define una *dosis efectiva* para todo el cuerpo como la suma de las dosis ponderadas equivalentes en todos los órganos del cuerpo. A partir de la dosis equivalente, se puede calcular la dosis efectiva dada por la combinación de diferentes dosis en diferentes órganos como consecuencia de una irradiación del cuerpo entero. La *dosis efectiva E* se define como (ICRP 1991),

$$E(\text{en Sv}) = \sum_T H_T(\text{en Sv}) \times w_T, \tag{3.77}$$

donde H_T es la dosis equivalente en el órgano o tejido T y w_T es el factor de ponderación para dicho órgano o tejido.

Los factores de ponderación de los tejidos representan la sensibilidad relativa de los órganos para desarrollar el cáncer. Los factores de ponderación para todo el cuerpo cumplen la condición:

$$\sum_T w_T = 1. \tag{3.78}$$

Los factores de ponderación para los correspondientes órganos están definidas por la comisión internacional de protección radiológica (ICRP 1991). La tabla 3.3 resume las magnitudes y unidades de radiación presentadas en este apartado.

Para concluir este apartado debe recalcarse que las unidades becquerel y curie muestran desintegraciones en la fuente, mientras que la unidad gray miden los efectos de la radiación recibida por el material y el sievert mide los efectos de la radiación recibida por un astronauta. Todas estas nomenclaturas de unidades provienen de nombres de científicos que han trabajado con radiactividad. Como por ejemplo Marie Skłodowska-Curie que inventó el concepto de radiactividad y es una de las mujeres más relevantes del mundo de la ciencia. Ella fue la primera persona en ganar el premio Nobel en dos disciplinas diferentes, en física (1903) y química (1911).

Magnitudes	Unidad SI	Unidad no-SI	Definición
Actividad	Becquarel (Bq)	Curie (Ci)	Procesos de desintegración por tiempo
Dosis absorbida	Gray (Gy)	Rad	Cantidad total de energía absorbida
Dosis equivalente	Sievert (Sv)	Rem	Dosis absorbida multiplicado por factor de calidad
Dosis efectiva	Sievert (Sv)	Rem	Suma equivalente ponderada (dosis en órganos multiplicado por factor de ponderación tejido)

Tabla 3.3: Resumen de magnitudes y unidades de radiación.

3.4.2. Efectos de la radiación en dispositivos electrónicos

Los efectos de la radiación en los dispositivos electrónicos los causan las partículas incidentes que se propagan a través de los componentes de un satélite depositando parte o la totalidad de su energía mediante dos procesos fundamentales (véase también apartado 3.3.6.3 y Sigmund 2006):

- *Procesos no ionizantes o por desplazamientos.* el daño se produce al ser arrancados o desplazados átomos de la red cristalina del material. La partícula incidente pierde energía nucelar por colisiones elásticas con los núcleos de los átomos del material atravesado.

- *Procesos ionizantes.* el daño se debe principalmente a la generación de cargas eléctricas en el interior del material y se produce al ser los electrones arrancados (ionizados) o desplazados. La partícula incidente pierde energía electrónica por excitación o ionización de los electrones del material atravesado.

El primer proceso consiste en daños por efectos de *desplazamiento de los átomos* que causa una modificación de la disposición de los átomos en la estructura cristalina del material. La producción de defectos en la estructura del material por partículas incidentes es debido al desplazamiento de átomos fuera de su posición original (véase figura 3.21). Estos cambios de estructuras a nivel atómico se acumulan con el tiempo y dan lugar a daños en los componentes de un satélite. Los principales efectos del desplazamiento de los átomos son la pérdida de rendimiento de los dispositivos semiconductores y la degradación de las células solares (ECSS-E-ST-10-12C 2008).

El segundo proceso consiste en daños por efectos de *ionización de los átomos* que son causados principalmente por partículas cargadas electrónicamente y también por fotones de alta energía. Estas partículas poseen suficiente energía como para extraer los electrones de los átomos. Como se muestra en la figura 3.16 el efecto de la deposición de energía nuclear (por procesos no ionizantes o por desplazamientos) es mucho más bajo (excepto para los neutrones) que el de la deposición de energía por excitación e ionización de los electrones, ya que el poder de frenado nuclear es unos órdenes de magnitud menor que el poder de frenado electrónico. Por lo tanto, en general los daños causados por procesos de desplazamiento son menos importantes que los generados por procesos ionizantes. Generalmente, los efectos de la ionización son daños transitorios, creando mal funcionamiento, errores leves y sucesos reversibles, aunque pueden conducir a la destrucción del dispositivo.

Los daños provocados por efectos de ionización de los átomos se clasifican en dos categorías: *dosis ionizante total* y *efectos puntuales* (*single event effects*, SEE).

- La *dosis ionizante total* es la energía acumulada transferida a un material dado en la forma de ionización y excitación, donde la ionización de un átomo es debido a que las partículas incidentes tienen suficiente energía para extraer los electrones de los átomos. La dosis ionizante total es extremadamente relevante para la salud de los astronautas en vuelos espaciales (véase apartado 3.4.3) y tiene diversos efectos en los dispositivos electrónicos, como la degradación del rendimiento (y eventual fallo) en los semiconductores por la creación de pares electrón y hueco[33]

- Los *efectos puntuales* son un término que incluye una amplia colección de diferentes fenómenos causados por partículas incidentes individuales en los componentes electrónicos. Aunque se han observado una gran

---

[33]Un hueco de electrón (o simplemente hueco) es la ausencia de un electrón en la banda de valencia en un semiconductor. Por ejemplo, si un fotón transfiere suficiente energía para que el electrón de la banda de valencia pase a la banda de conducción, se genera un hueco en la respectiva banda de valencia. dentro de las capas dieléctricas.

variedad de efectos eléctricos diferentes, los efectos puntuales consisten principalmente en la generación local de carga dentro del componente, ya sea de manera permanente o temporal. Por lo tanto, es conveniente dividir los tipos de efectos puntuales en dos grupos: los *efectos no destructivos* que generan daños transitorios y los *efectos destructivos* que generan daños permanentes.

En el diagrama de la figura 3.20 se resumen los daños en dispositivos electrónicos causados por los efectos de la radiación presentados en este apartado.

Los efectos de las partículas cargadas en el entorno espacial según sea la fuente de las partículas se pueden resumir de la siguiente manera. Las partículas emitidas por el Sol y las partículas atrapadas en los cinturones de Van Allen, que son principalmente electrones y protones, producen daños por desplazamiento de átomos y por dosis ionizante total. Los protones e iones de los rayos cósmicos y eventos solares de altas energías producen daños por efectos puntuales. Como se muestra en la figura 3.8, los flujos de las partículas emitidas por el Sol y las partículas atrapadas en los cinturones de Van Allen son muchos órdenes de magnitud mayores que los rayos cósmicos. Para los cálculos de daños por el desplazamiento de átomos y la dosis ionizante total, se consideran solo las partículas emitidas por el Sol y las partículas atrapadas en los cinturones de Van Allen, debido a que la contribución de los rayos cósmicos es insignificante (Holbert 2007). Sin embargo, los rayos cósmicos son de gran relevancia para los efectos puntuales.

En general, los efectos de la radiación en los dispositivos electrónicos pueden variar ampliamente dependiendo de muchos parámetros como, por ejemplo son: el tipo de radiación, el flujo de radiación, la dosis instantánea y el total de radiación, y el tipo y el estado actual del dispositivo que está afectado por la radiación. Este amplio espectro de posibilidades hace difícil encontrar los componentes más aptos para una misión. Además, encontrar literatura y/o medidas de radiación de componentes similares a los empleados en una misión es una labor difícil dado que cada componente necesita su propia medición y no son siempre comparables. No siempre se puede esperar que un dato de referencia sea necesariamente válido si el componente seleccionado varia mínimamente del especificado, por ejemplo en un catálogo. Además, la especificación de un componente electrónico seleccionado para una misión puede ser muy sensible a las variaciones de parámetros de radiación. Estos

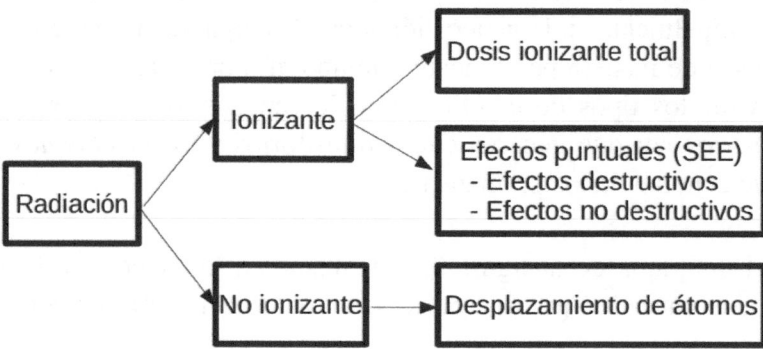

Figura 3.20: Resumen de los daños en dispositivos electrónicos causados por procesos de radiación, bien ionizante, o bien, no ionizante. La radiación ionizante genera daños por dosis ionizante total y por efectos puntuales. Los efectos puntuales pueden dividirse en dos grupos: los efectos destructivos y los efectos no destructivos. La radiación no ionizante genera daños por desplazamiento de los átomos.

parámetros pueden tener variaciones sustanciales por causa de modificaciones de flujos de fulguraciones solares y eyecciones de masa coronal que a su vez pueden variar de intensidad en un intervalo de muchos órdenes de magnitud (como se ha presentado en el apartado 3.2.3).

3.4.2.1. Tipología de daños en dispositivos electrónicos

Como se ha visto en el apartado anterior y se muestra en la figura 3.20, hay tres tipos fundamentales de daños en la electrónica de las naves espaciales causados por la radiación, que se pueden agrupar en dos categorías: *daños por efectos acumulativos* y *daños por efectos de naturaleza transitoria*.

- Los daños por efectos acumulativos son los generados por:

   (1) El *desplazamiento de los átomos* que puede causar degradación de dispositivos y daños permanentes (detallado en apartado 3.4.2.2).

   (2) La *dosis ionizante total* en los dispositivos que puede causar una pérdida gradual de rendimiento o una pérdida total del dispositivo (detallado en apartado 3.4.2.3).

- Los daños por efectos de naturaleza transitoria son los generados por:

(3) Los *efectos puntuales* que son debidos al paso de una partícula energética por una zona sensible del dispositivo (detallado en apartado 3.4.2.4).

El desplazamiento de átomos y la dosis ionizante total son mecanismos que producen errores a largo plazo, comparado con los efectos puntuales que son mecanismos que producen errores instantáneos. Por lo tanto, la tasa de fallos por desplazamiento de átomos y por dosis ionizante total se puede describir mediante un tiempo medio hasta que se produce un fallo (véase ecuación 3.85) y los efectos puntuales se expresan en términos de tasa de fallos que son generados aleatoriamente.

3.4.2.2. Desplazamiento de átomos

Los desplazamientos de átomos son daños en la estructura cristalina de la materia causados principalmente por protones y menos frecuentemente por electrones. Estas partículas incidentes interactúan con las partículas en reposo que están en la red cristalina y les transfiere energía. Esta energía absorbida es suficiente para que se modifique la disposición de los átomos en la estructura cristalina del material. En la figura 3.21 se muestra el desplazamiento de un átomo de su posición original debido a la transferencia de energía cinética de la partícula incidente al átomo que está en la red cristalina. El átomo desplazado deja una vacante en la red, y se coloca en una nueva posición intersticial dentro de la red. Los daños por desplazamiento de átomos son el resultado de las interacciones electromagnéticas y interacciones fuertes con los núcleos. Estos desplazamientos causan defectos en la red cristalina. Adicionalmente, los fotones de alta energía también pueden producir efectos de desplazamiento.

En general, los daños por desplazamiento suelen ser menos preocupantes que los efectos puntuales o la dosis ionizante total (Holbert 2007). Sin embargo, los daños por desplazamiento de la estructura cristalina atómica pueden afectar a diversos componentes y sistemas de una nave espacial. El efecto más evidente desde la perspectiva de la supervivencia de un satélite, es la pérdida de potencia debido a la degradación de las células solares. Además, los desplazamientos atómicos pueden crear daños permanentes irreversibles en los semiconductores y en los transistores de unión bipolar. También pueden empeorar las propiedades de las partes analógicas en las uniones de los semiconductores afectados (ECSS-E-ST-10-12C 2008). Por todo ello, el daño

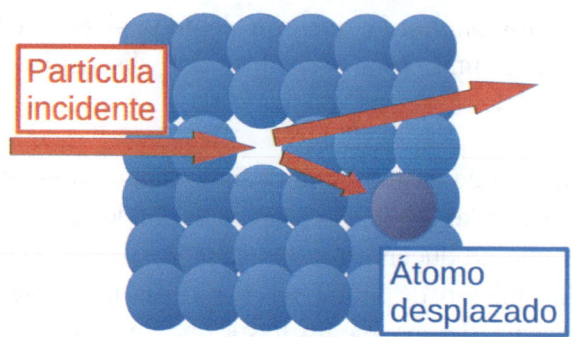

Figura 3.21: Los daños por desplazamiento de átomos son el resultado de la interacción fuerte con los núcleos. El desplazamiento de los átomos de su posición original es debido a la transferencia de energía cinética de la partícula incidente al átomo que está en la red cristalina. La partícula proyectil rebota desde el núcleo del átomo con el que chocan e intercambia una pequeña cantidad de energía con él. Este intercambio de energía producirá un desplazamiento repentino del núcleo que eventualmente causa defectos en la red cristalina.

por desplazamiento es relevante en el caso de que se altere la estructura cristalina de un semiconductor con el consiguiente deterioro de sus funciones.

Los daños causados por los desplazamientos de átomos son a veces cuantificados en función del flujo de las partículas incidentes (en unidades de partículas/cm^2) (ECSS-E-ST-10-12C 2008). El número de defectos en un dispositivo es proporcional a la cantidad de desplazamientos atómicos producidos por las partículas incidentes y por lo tanto, a la pérdida de energía no ionizante de ellas (*non-ionizing energy loss*, NIEL). Como se ha comentado en el apartado 3.3.6.3, dado que por definición la energía del poder de frenado nuclear no implica excitaciones electrónicas, se puede considerar que el poder de frenado NIEL $\left(\frac{\mathrm{d}E}{\rho\mathrm{d}x}\right)_{\mathrm{NIEL}}$ y el poder de frenado nuclear $\left(\frac{\mathrm{d}E}{\rho\mathrm{d}x}\right)_{\mathrm{nuclear}}$ son la misma cantidad en ausencia de reacciones nucleares. Estas dos cantidades son expresadas (en unidades de MeV cm^2 g^{-1}) (Bauer 2013) en la forma:

$$\left(\frac{\mathrm{d}E}{\rho\mathrm{d}x}\right)_{\mathrm{NIEL}} = \left(\frac{\mathrm{d}E}{\rho\mathrm{d}x}\right)_{\mathrm{nuclear}}. \tag{3.79}$$

Es decir, el poder de frenado no ionizante puede ser estimado por el poder de frenado nuclear.

Las interacciones nucleares pueden transferir cualquier energía entre la partícula incidente y los átomos de la red cristalina. Sin embargo, para generar un desplazamiento atómico se necesita superar una energía mínima de desplazamiento, E_d. Los valores de la energía de desplazamiento varían dependiendo del material y en general, no tiene un valor preciso, sino que puede ser función de la dirección y de la temperatura.

En los materiales comunes E_d es del orden de unas decenas de eV. Si la energía transferida por la partícula incidente es menor que la energía de desplazamiento no hay desplazamiento, y la energía se disipa en oscilaciones atómicas localizadas generando calor. Si la energía transferida es mayor que E_d, se puede generar un desplazamiento con una probabilidad dada. En este caso se define una función de desplazamiento $p_d(E_R)$, que es la probabilidad de generar un desplazamiento si se transfiere energía al núcleo, que produce un retroceso nuclear con energía E_R. Si la energía transferida es mayor que la energía mínima de desplazamiento E_d con $E_R > E_d$, se puede generar un desplazamiento con una probabilidad $p_d(E_R)$. El poder de frenado nuclear que causa desplazamientos atómicos viene dado por la expresión (Leroy & Rancoita 2011, Bauer 2013) :

$$\left(\frac{dE}{\rho dx}\right)_{\text{nuclear}} = n \int_{E_d}^{E_{max}} E_R \, p_d(E_R) \, \frac{d\sigma(E, E_R)}{dE_R} dE_R, \qquad (3.80)$$

donde E_d es la energía mínima necesaria para desplazar permanentemente un átomo de su posición de la red y $\frac{d\sigma(E, E_R)}{dE_R}$ es la sección transversal diferencial para cualquier partícula incidente con energía cinética E que resulte en un retroceso nuclear con energía cinética E_R.

Se puede constatar que la ecuación 3.80 es similar a la ecuación 3.50 si se usa $E_R = T$, es decir, la energía de retroceso nuclear es igual a la energía transferida de la partícula incidente. Los daños por desplazamiento de átomos que producen la degradación de componentes son proporcionales al flujo de las partículas incidentes. La *dosis no ionizante absorbida* D_{NIEL} (unidad: MeV/g) por un material, que es producida por partículas con energía cinética E se puede obtener de (Leroy & Rancoita 2011):

$$D_{\text{NIEL}} = \bar{\Phi} \left(\frac{dE}{\rho dx}\right)_{\text{NIEL}}, \qquad (3.81)$$

donde $\bar{\Phi}$ es el flujo medio de las partículas (unidad: partículas/cm^2) que atraviesan un material. El poder de frenado $\left(\frac{dE}{\rho dx}\right)_{NIEL}$ está dado por las ecuaciones 3.79 y 3.80 y es el correspondiente poder de frenado de desplazamiento debido a las interacciones con los núcleos.

3.4.2.3. Dosis ionizante total

Los daños acumulativos causados por la totalidad de las dosis ionizantes en los dispositivos, pueden causar la degradación de los elementos electrónicos de una nave espacial. Esta degradación puede dar lugar desde una pérdida gradual de rendimiento hasta la pérdida total del dispositivo. Los daños acumulativos por la dosis ionizante total en los semiconductores dependen de la creación de pares electrón y hueco dentro de las capas dieléctricas. La degradación en la microelectrónica tiene su origen en la acumulación de carga en las capas aislantes y produce una pérdida de rendimiento en la electrónica. La acumulación de dosis ionizantes también afecta a los componentes ópticos como las lentes y fibras ópticas, y otros materiales como los plásticos (ECSS-E-ST-10-12C 2008).

La aportación más importante de dosis ionizantes en las misiones que orbitan alrededor de la Tierra aparece principalmente al cruzar los cinturones de Van Allen. En cambio la dosis recibida durante una misión interplanetaria tiene su origen principal en las partículas emitidas por el Sol. Los posibles daños causados por estas partículas se evalúan para intentar garantizar que el dispositivo funcione correctamente durante toda la vida de la nave espacial.

La dosis ionizante total acumulada en un satélite depende de la altitud de la órbita, la orientación y el tiempo de permanencia en la órbita. La dosis ionizante total se define como la cantidad de energía depositada en el material. La unidad de medida de la dosis ionizante total es el gray. Para computar la dosis ionizante total se necesita saber el flujo en función de la energía de las partículas (principalmente protones y electrones). El poder de frenado $\left(\frac{dE}{\rho dx}\right)_{ele+rad}$ se utiliza para determinar la *dosis ionizante total D* mediante la siguiente relación (Holbert 2007, Jibiri 2011):

$$D = \bar{\Phi}\left(\frac{dE}{\rho dx}\right)_{ele+rad}, \qquad (3.82)$$

donde $\bar{\Phi}$ es el flujo medio de las partículas cargadas (unidad: partículas/cm^2).

Esto significa que la dosis puede ser calculada como el producto del flujo de las partículas involucradas por el poder de frenado másico. En general, el poder de frenado radiativo es insignificante, excepto para los electrones de altas energías. En el caso de expresar el poder de frenado en MeV cm^2 g^{-1} y el flujo en partículas/cm^2, se obtiene la dosis ionizante total D en MeV/g que puede ser convertido a gray mediante (Jibiri 2011)

$$D(\text{en gray}) = 1.602 \times 10^{-10} \, \bar{\Phi} \left(\frac{dE}{\rho dx} \right)_{ele+rad}. \tag{3.83}$$

Para calcular la deposición de dosis en profundidad de un material como consecuencia de la propagación de partículas en un material se necesita saber la energía cinética E de las partículas a una profundidad x del material. Un cálculo estricto requiere conocer a cada profundidad el espectro de energía de las partículas como función de su energía cinética $\Phi(E,x)$ (unidad: partículas MeV^{-1} cm^{-2}) y se obtiene la dosis en profundidad $D(x)$ mediante la relación:

$$D(x) = 1.602 \times 10^{-10} \int_{0}^{E_{max}} dE \, \Phi(E,x) \left(\frac{dE}{\rho dx} \right)_{ele+rad}. \tag{3.84}$$

Las naves espaciales suelen recibir una dosis ionizante total entre 100 Gy y 1000 Gy (Holbert 2007). La dosis total da una medida de cuando tiempo pasa una nave espacial en un entorno de radiación espacial. La dosis depositada por radiación en un componente se acumula con el tiempo hasta que se supera el umbral de la dosis ionizante total TID_{umbral} del componente y puede producir su fallo. Se estima el tiempo, t (en años), para que un componente de un satélite falle debido a la dosis ionizante total mediante la siguiente relación (Jibiri 2011):

$$t \,(\text{en años}) = \frac{TID_{umbral}}{D/año}, \tag{3.85}$$

donde se divide el umbral de dosis ionizante total por la dosis total absorbida D por año.

3.4.2.4. *Single event effects*

Los efectos puntuales, que en este apartado se denominan *single event effects* (SEEs), son una colección de fenómenos en los que la microelectrónica puede interrumpirse o dañarse por efectos de naturaleza transitoria debido al paso de una partícula energética por una zona sensible de un componente. Estos efectos de naturaleza transitoria contrastan con los efectos acumulativos (la dosis ionizante total presentado en el apartado anterior), que se identifican por una continua degradación de los parámetros electrónicos del componente con el tiempo. Las partículas incidentes muy energéticas pueden producir ionizaciones en regiones sensibles del semiconductor o descargas eléctricas muy localizadas. Estas partículas pueden también provocar un cambio de estado lógico en un circuito electrónico (*bit-flip*), causado por el impacto de partículas ionizantes en una parte sensible de un componente. Este cambio es el resultado del movimiento de un número suficiente de electrones, que afecta a un nodo lógico del componente y puede extenderse al resto del dispositivo provocando un error que puede ser de naturaleza transitoria o permanente. La descripción de la formación de SEE (véase figura 3.22) se puede simplificar considerando los tres pasos siguientes (Baumann 2005):

1. *Producción y deposición de partículas cargadas.* Una partícula cargada de muy alta energía interactúa con el material produciendo portadores de carga libres. Estas cargas son principalmente pares de electrones y huecos que son producidos por interacción electromagnética.

2. *Recogida de cargas y recombinaciones de electrones y huecos.* Las cargas eléctricas se mueven por difusión a través de los materiales (semiconductor) a sitios sensibles de la electrónica y producen una corriente en ella. Mientras tanto, también se recombinan los electrones y huecos.

3. *Respuesta de circuito.* Las cargas eléctricas adicionales producen una corriente espuria que genera una alteración en la lógica de la electrónica que conduce finalmente a un SEE.

Los SEE se producen por ejemplo, cuando una partícula interacciona con un componente en particular y deposita una cantidad de energía que supera una cierta energía crítica (que depende del componente). Conociendo la energía crítica del componente, se puede estimar el número de eventos que se producirán en la misión. La probabilidad de tales SEE es baja (aproximadamente 10^{-5} para la mayoría de los dispositivos de interés), sin embargo, los flujos de partículas pueden ser muy altos en los cinturones de

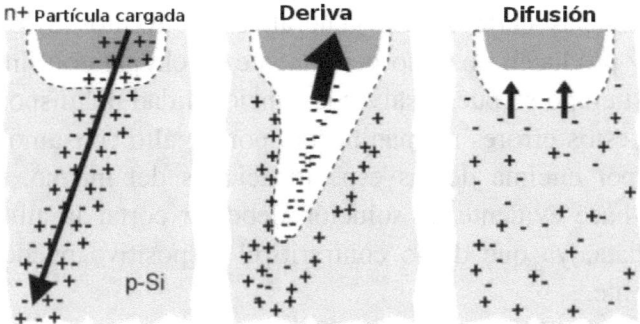

Figura 3.22: Diferentes fases (mencionadas en el texto) para generar la formación de un SEE. Una partícula cargada de muy alta energía interactúa con el material produciendo portadores de carga libres. La carga generada se mueve por deriva y difusión y es recogida en un sitio sensible de la electrónica. Las cargas eléctricas adicionales producen una corriente espuria que genera una alteración en la lógica de la electrónica que conduce finalmente a un SEE; (Baumann 2005).

radiación de Van Allen o durante tormentas solares donde el flujo y energía de partículas solares se incrementa. Estos flujos pueden dominar las tasas de SEE en muchas situaciones en los dispositivos modernos, que tienen en general un bajo umbral de energía crítica. Estos fenómenos SEE pueden dividirse en dos grupos: los *efectos destructivos* y los *efectos no destructivos* (Baumann 2005).

Los *SEE destructivos* producen daños permanentes al dispositivo o circuito electrónico, donde las interacciones de la partícula inducen una corriente alta con potencial para destruir el dispositivo. Algunos efectos destructivos son (Leroy & Rancoita 2011):

- *Single event latchup* (SEL), el efecto supone la conducción de mucha corriente.

- *Single event gate rupture* (SEGR), el efecto es la ruptura del dieléctrico de una puerta.

- *Single event burn-out* (SEB), el efecto es la destrucción del dispositivo.

Por ejemplo, el *single event latchup* es un tipo de cortocircuito en un circuito eléctrico. Este *latchup* puede producirse por un estado de baja resistividad en un semiconductor debido a las distintas estructuras que hay interconectadas entre sí. En general, estos eventos SEL son errores destructivos y producen un daño permanente en el aparato. Sin embargo, si se detectan a tiempo se puede salvar la funcionalidad del dispositivo ya que normalmente estos errores se manifiestan por un alto consumo de corriente del aparato, por encima de las especificaciones del mismo. Cuando esta condición se hace evidente, la solución debe ser cortar la alimentación de forma inmediata, ya que de lo contrario el dispositivo puede ser dañado irreparablemente.

Los *SEE no destructivos* producen daños transitorios al dispositivo o circuito electrónico cuando las partículas incidentes cargadas pierden energía por ionización. Están clasificados como:

- *Single event upset* (SEU), el efecto supone el daño de la información almacenada en un elemento de memoria.

- *Multiple bit upset* (MBU), el efecto supone el daño de un set de bits de un elemento de memoria debido a una sola partícula.

- *Single event transient* (SET), el efecto implica una respuesta impulsiva de cierta amplitud y duración. Por ejemplo, el SET se manifiesta como un pequeño pulso eléctrico que se produce en la salida de la puerta lógica y produce un error transitorio en el dispositivo.

Estos daños causados por SEE no destructivos pueden ser corregidos mediante el reiniciado del sistema o por técnicas de redundancia en circuitos digitales.

Hay un sinfín de fenómenos SEE adicionales, que pueden ser consultados en el manual ECSS-E-ST-10-12C. En este manual también se presentan tres parámetros diferentes para modelar la respuesta de los fenómenos SEE en un dispositivo:

1. La *transferencia lineal de energía* (*linear energy transfer*, LET) es medida típicamente en MeV cm^2 g^{-1} para los análisis de SEE. La transferencia lineal de energía (definida en el apartado 3.3.6.1) de un dispositivo depende del tipo y energía de la partícula, y puede ser calculada aproximadamente por el poder de frenado de las partículas en el dispositivo. Los SEE se producen cuando una partícula supera

una cierta transferencia lineal de energía crítica (LET_{crit}), que depende del componente seleccionado (Leroy & Rancoita 2011). Conociendo la energía crítica, se puede estimar el número de SEE que se producirán en una misión si la transferencia lineal de energía es mayor que la energía crítica ($LET>LET_{crit}$). Para los SEE no destructivos se pueden encontrar tablas con datos para diversos tipos y modelos de componentes.

Sin embargo, para los SEE destructivos no es fácil encontrar información específica. Esto se debe a que existen varios tipos diferentes de componentes, cada uno de los cuales difiere significativamente. Si para una misión se requiere saber si se producirán efectos destructivos o no para algunos componentes específicos, se deberían encontrar resultados gracias a test de irradiación de dichos componentes. Si la realización de estos test no es posible, se puede hacer una estimación de los efectos destructivos usando un valor significativo de la transferencia lineal de energía crítica, que es aproximadamente 6×10^4 MeV cm^2 g^{-1} .

2. La *sección transversal*(definida en el apartado 3.3.3), suele expresarse en unidades de cm²/dispositivo para los análisis de SEE. La sección transversal σ es la probabilidad de que ocurra un SEE y se mide experimentalmente como el número de eventos N_{SEE} registrados por unidad de flujo Φ, con la siguiente relación $\sigma = N_{SEE} / \Phi$. Esta sección transversal depende en principio del ángulo de incidencia de la partícula al dispositivo (Leroy & Rancoita 2011).

3. La *carga crítica* es la cantidad mínima de carga recogida en un nodo sensible del dispositivo debido a la interacción con las partículas cargadas que dan lugar a un SEE. La carga crítica es proporcional a la energía crítica depositada en el volumen del dispositivo. Esta carga crítica es por ejemplo la carga necesaria para cambiar un bit 1 a un bit 0 o viceversa. La carga crítica depende no solo de la carga recogida sino también de la forma temporal del pulso de corriente. Para más información se puede consultar (Leroy & Rancoita 2011).

3.4.3. Efectos de la radiación en el cuerpo humano

Los efectos de la radiación son unos de los principales peligros para la salud de los astronautas en vuelos espaciales. Las partículas energéticas son peligrosas porque tiene suficiente energía para cambiar o romper las moléculas de ADN, lo que puede dañar o matar una célula. Esto puede conducir a problemas de salud que van desde efectos prácticamente instantáneos o a corto plazo hasta efectos a largo plazo.

Los efectos instantáneos de la radiación pueden causar molestias leves como diarrea, náuseas y vómitos. Sin embargo, otros efectos instantáneos o a corto plazo debidos a una mayor exposición a la radiación pueden ser mucho más graves, causando daños al sistema nervioso central o incluso la muerte. No es frecuente que se produzcan efectos a corto plazo graves por la exposición a la radiación espacial, excepto si un astronauta se expone a un flujo elevado de partículas solares. Este tipo de flujo proviene de los eventos de fulguraciones solares o de eyecciones de masa coronales presentados en el apartado 3.2.3, que pueden en algunos casos producir momentáneamente una subida repentina de dosis de radiación.

Excepto estas tormentas solares puntuales, la principal preocupación que causa la radiación es debida a los efectos a largo plazo en los astronautas. Los efectos a largo plazo pueden incluir cataratas, aumento de la posibilidad de cáncer y esterilidad. Además, hay efectos que pueden aparecer en los descendientes de los astronautas, habiendo sido transmitidos por genes mutados.

La tipología de problemas de salud que se producen están determinados por el grado de exposición y la vulnerabilidad de un astronauta a la radiación. La exposición a la radiación depende de muchos factores, pero principalmente de la altitud de la nave espacial, la cantidad de blindaje de la nave o del traje espacial, la duración de la misión, y la duración, intensidad y tipo de la radiación. Además, la vulnerabilidad a la radiación depende de la sensibilidad individual determinada por la edad, sexo o estado de salud de la persona.

Los límites de exposición a la radiación de los astronautas están determinados por la edad y el sexo. Estos límites pueden además variar entre diferentes agencias espaciales. Por ejemplo, el límite de la NASA para la exposición a la radiación por un hombre de 35 años en la órbita terrestre baja es de 50 milisievert (mSv) por año. Los limites son más bajos para los astronautas más jóvenes, ya que se considera que las personas más jóvenes deberían estar expuestas a menos radiación al tener mayor longevidad y, por lo tanto, más posibilidades de desarrollar posteriores problemas de salud. Estos límites se estiman usando la siguiente definición: el límite de dosis equivalente de la carrera de un astronauta se basa en un exceso de riesgo de mortalidad por cáncer del 3 % como máximo a lo largo de la vida con un nivel de confianza del 95 % (NASA-STD-3001 2015).

En realidad, las argumentaciones sobre los límites de radiación suponen un asunto muy complejo. En pocas ocasiones se puede establecer claramente cuál es la relación directa entre la cantidad de radiación recibida y la enfermedad que pueda sufrir una persona. Es necesario recordar que todas las personas están expuestas a fuentes naturales de radiación, como por ejemplo los rayos cósmicos (tal y como se presentó en el apartado 3.2.5). Una persona suele recibir a lo largo de un año una dosis de unos 3.6 mSv por causas naturales.

Se ha comentado en el apartado 3.2.3 que el entorno espacial es altamente variable en diferentes escalas de tiempo como resultado de la variabilidad del Sol. Las partículas solares son una manifestación obvia de los procesos eruptivos en el Sol y pueden constituir en varios escenarios de misiones un peligro potencialmente grave para los astronautas. Sería útil tener predicciones precisas de estos eventos (Space Radiation 2006) y los científicos están avanzando mucho en hacer pronósticos del tiempo espacial (*space weather prediction*). Por lo tanto, una predicción del tiempo espacial en el sistema solar es una estimación necesaria para minimizar la dosis por radiación que van a afectar a los astronautas. Sería oportuno que en los periodos con la posibilidad de mayor exposición a la radiación se aplicasen blindajes temporales eficientes, especialmente en las misiones de larga duración seria imprescindible mejorar la mitigación de los efectos de la radiación mediante un blindaje específico. Este aspecto será tratado en el siguiente apartado.

3.4.4. Blindaje

Para evaluar el tipo, energía e intensidad de la radiación que llega a una zona donde se encuentran dispositivos y astronautas, se necesita el conocimiento de las fuentes de radiación externas y los efectos de la atenuación de la radiación conseguidos por el material diseñado para el aislamiento. Este material es comúnmente conocido como *blindaje*.

El blindaje en las naves espaciales se produce de dos maneras: el blindaje propio, que es el blindaje ya incorporado que ofrecen los materiales ya incluidos en el diseño del satélite; y el blindaje adicional, que es material añadido específicamente para mejorar el efecto de la atenuación de la radiación. En el manual ECSS-E-ST-10-12C (véase apartado 3.6) se establecen los estándares que se utilizan para calcular los efectos del blindaje en el entorno de la radiación. Además, se incluyen un amplio espectro de paquetes informáticos (presentados en el apartado 3.5) que permiten evaluar la dosis de radiación esperada sobre un vehículo espacial en función de los parámetros de la misión.

Hay dos categorías para proteger a la tripulación (o dispositivos) de la radiación en el espacio:

1. el *blindaje pasivo* que se usa actualmente en todas las misiones y

2. el *blindaje activo* que supone un amplio campo de investigación.

El *blindaje pasivo* contra la radiación se consigue con algún tipo de material que atenúe las partículas incidentes. En la figura 3.23 se muestra el efecto del blindaje pasivo contra la radiación en función del espesor del material. Se puede apreciar que la eficacia del blindaje pasivo por un material de aluminio es menos efectivo que por un material de polietileno (compuesto por átomos de hidrógeno y carbono). En general la atenuación de radiación es mejor para materiales que contienen hidrógeno y carbono ya que los elementos más pesados producen mucha más radiación secundaria que elementos más ligeros como el carbono y el hidrógeno. El blindaje pasivo es efectivo para partículas con energías inferiores a 1 GeV/nucleón, pero para partículas más energéticas puede ser problemático. Un blindaje con insuficiente material puede en realidad empeorar el problema en el caso de las partículas de mayor energía, ya que puede causar una mayor cantidad de radiación secundaria con una generación de dosis de radiación mayor. Este efecto proviene principalmente de los rayos cósmicos que se mueven a velocidades relativistas y que cuando chocan con el blindaje pasivo de una nave espacial generan una cascada de partículas secundarias, incluyendo electrones, protones, neutrones y partículas alfa. Estas partículas secundarias constituyen una fuente de radiación adicional más preocupante que la partícula incidente primaria. Por ejemplo, el blindaje pasivo disminuye su efectividad más allá de unos 20 g/cm^2 debido a la penetración de los componentes de los rayos cósmicos de mayor energía (Donald 2006). Por otra parte, incrementar el espesor del material pasivo de un satélite apenas

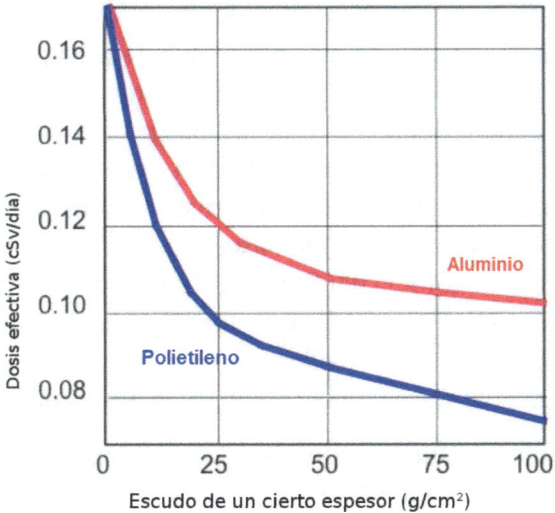

Figura 3.23: Variación de la dosis efectiva para una persona protegida por un escudo de un cierto espesor (Shield Thickness), para dos materiales diferentes, causado por los rayos cósmicos en una época de mínimo solar. Se aprecia el decrecimiento de la dosis efectiva en función del espesor del material pasivo, donde 1 cSv es igual a 0.01 Sv. La eficacia del blindaje es mejor para un material de polietileno (compuesto de átomos de hidrógeno y carbono) que para un material de aluminio. Las mejores características de blindaje y por lo tanto la mejor atenuación de radiación en función del espesor para materiales que contienen hidrógeno y carbono son evidentes; (Clowdsley 2004 y Donald 2006).

reduce el flujo de partículas más energéticas que provienen principalmente de los rayos cósmicos. Está claro que incrementar la masa absorbente aumenta la masa total del satélite y cada kilogramo de masa tiene un impacto significativo en el coste de la misión. Como alternativa a aumentar el grosor del material, en el diseño inicial del satélite se puede intentar localizar los dispositivos en lugares donde se minimice la radiación. Poner material entre la tripulación y la fuente de radiación tiene como ventaja sobre otras formas de blindaje, presentadas a continuación, la capacidad de proteger la misión contra cualquier forma de radiación, ya sea cargada o neutra.

El *blindaje activo* contra la radiación se inspira en el campo magnético de la Tierra, que sirve para desviar la radiación espacial. Se producen campos magnéticos o electrostáticos alrededor de una nave espacial para desviar las partículas cargadas de la radiación (Shephard & Kress 2007).

No obstante, todas estas técnicas de blindajes activos tienen hoy en día inconvenientes como, por ejemplo, el tamaño requerido de los imanes de solenoide superconductor necesarios para generar un campo magnético lo suficientemente intenso para desviar las partículas de baja energía. Este campo magnético producido por los imanes superconductores sería muy pesado y consumiría mucha potencia eléctrica (Washburn 2015). Ninguno de estos blindajes activos se ha probado hasta ahora en el entorno espacial, pero se espera que sea la tecnología del futuro. Todavía queda mucha investigación antes de que los blindajes activos sean una tecnología que puedan sustituir los blindajes pasivos, pero se considera como la tecnología clave a desarrollar para tener un método seguro de vuelos interplanetarios de larga duración.

Para demostrar la influencia de los diferentes tipos de blindaje contra la radiación espacial en los satélites se utilizan herramientas informáticas como las que se presentan en el siguiente apartado.

3.5.   Herramientas para el cálculo de radiación

Es importante poder predecir la cantidad de radiación que un satélite acumula durante su misión. Para este propósito se usan herramientas informáticas, ya que el cálculo de interacciones de las partículas de radiación espacial con el material de los satélites es un trabajo complicado e implica muchas aproximaciones (véase apartado 3.3). Cuando las partículas incidentes se propagan por la materia e interactúan con ella, producen partículas secundarias en proporciones y cinemáticas muy diferentes a las partículas primarias. Además, cada partícula puede tener múltiples tipos de interacciones dependiendo de su energía. Los físicos de partículas experimentales tienen que realizar este tipo de cálculos y han desarrollado programas de código abierto disponibles para quien lo necesite. Para que estos programas informáticos sean útiles se necesita tener un buen conocimiento de los parámetros de radiación, (como la dirección, intensidad, energía y tipo de partícula incidente), y eso a su vez depende de la órbita del satélite y de su orientación. La fiabilidad de los resultados de estos programas informáticos requiere mucha experiencia del usuario o un buen conocimiento general de la física implicada. Aplicar estas herramientas sin entender completamente la radiación en el espacio y sus modelos seleccionados pueden llevar a una mala interpretación de los resultados.

La predicción del riesgo de radiación espacial en los dispositivos o astronautas está sujeta a un gran margen de error debido principalmente a los efectos estocásticos de la radiación y la incertidumbre de la correcta aproximación de los cálculos de los paquetes informáticos. El efecto estocástico de la radiación es una incertidumbre aleatoria. Estos efectos estocásticos ocurren solo por la conjunción de eventos que pueden aparecer ocasionalmente con una determinada probabilidad. Las consecuencias más comunes son el desarrollo de cáncer, mutaciones genéticas y los efectos puntuales. Al contrario que con los efectos aleatorios, los errores sistemáticos en los modelos de las herramientas informáticas se pueden tener bajo control y cuantificados. Pese a la incertidumbre que puedan tener los cálculos informáticos para determinar la radiación recibida en una misión, son muy útiles para demostrar la influencia de diferentes parámetros de la misión como la trayectoria del viaje, el material del blindaje y otros factores.

Para la modelización de la radiación acumulada durante una misión se requiere un modelo preciso que sea capaz de representar cuantitativamente la radiación recibida en una misión específica. El modelo elegido debe tener en cuenta como mínimo la altitud orbital, tipo orbital, la vida de la misión y la época del ciclo solar. Existen varios modelos para los diferentes componentes existentes de la radiación espacial que se resumirán en el siguiente párrafo.

Hay modelos para el cálculo del entorno de radiación atrapada como en el caso de cinturones de radiación de Van Allen. Estos modelos de radiación atrapada están descritos por el modelo:

- AP-8 (para los protones) y AE-8 (para los electrones),

- CRRESPRO (para los protones) y CRRESELE (para los electrones), y

- SAMPEX/PET (para protones de baja altitud).

También existen varios modelos de partículas provenientes del Sol. Se diferencian los modelos que describen los flujos de protones y los de iones pesados, (los modelos de iones pesados solares son menos avanzados que los modelos de protones solares).

Para la radiación solar se utilizan los siguientes modelos de protones solares:

- King,

- JPL,

- Rosenqvist y ESP.

Por otra parte, existen modelos de iones pesados como:

- el PSYCHIC y

- el SAPPHIRE.

Los rayos cósmicos a su vez están descritos, por ejemplo, por:

- el modelo ISO y

- el modelo CREME.

Más información sobre estos modelos se puede encontrar en la página web de SPENVIS (Heynderickx 2004) y sus referencias.

Dados los flujos de electrones, protones e iones pesados que se obtienen con estos modelos en la órbita seleccionada, se puede determinar la dosis absorbida en función del tiempo, la profundidad y material de blindaje del satélite. Existen diferentes códigos para calcular esta dosis de radiación una vez atravesado el blindaje y existen modelos para estimar los efectos de la radiación en la electrónica. Algunos de estos modelos son el SHIELDOSE (Seltzer 1980) y el SHIELDOSE-2 (para la dosis ionizante total) y el CREME-MC (para tasas de alteración de efectos puntuales).

A continuación, se mencionan algunas herramientas informáticas que pueden ser útiles en el desarrollo de misiones de naves espaciales pequeñas. Esta lista está restringida a paquetes informáticos públicos no estando incluidos los paquetes informáticos comerciales.

Actualmente están en uso varios de los modelos mencionados anterior-mente para cada uno de los componentes de la radiación. A fin de facilitar el proceso de modelización se han combinado muchos de los modelos del entorno espacial en diferentes plataformas, llamadas SPENVIS, CREME-MC y OMERE. Estos paquetes informáticos modelizan el entorno espacial en términos de flujos de partículas y los subsiguientes efectos de la radiación en los dispositivos electrónicos. Estos efectos de radiación se cuantifican en términos de dosis ionizante total, daños por desplazamiento de átomos, daños por eventos puntuales y degradación de células solares. Específicamente, SPENVIS es una herramienta para modelar el entorno espacial y sus efectos (https://www.spenvis.oma.be/). CREME-MC proporciona herramientas de simulación para predecir el entorno de radiación y estimar las tasas de eventos puntuales y errores inducidos por la radiación en una amplia variedad de tecnologías electrónicas (https://creme.isde.vanderbilt.edu/). OMERE es un software dedicado al entorno espacial y los efectos de la radiación en los dispositivos electrónicos (https://www.trad.fr/en/space/omere software/).

Para calcular las interacciones de las partículas con la materia se usan herramientas como Geant4, FLUKA y SRIM. Geant4 y FLUKA son códigos de transporte de partículas basados en el método de Monte Carlo. Los métodos de Monte Carlo se usan para simular los procesos de transporte de la radiación en la materia mediante métodos numéricos. Éstos métodos permiten simular el paso de la radiación a través de la materia tomando en cuenta todos los procesos físicos relevantes y todos los tipos de radiación involucrados que pueden ser simulados hasta que atraviesen el material o se detengan en él. En términos genéricos, se define la fuente de radiación y el objeto que es irradiado, donde el usuario define las propiedades y los procesos más relevantes que se consideran en la simulación. Los códigos Geant4 y FLUKA permiten simular el paso de las partículas primarias y secundarias producidas a través de la materia. Estos códigos proporcionan modelos de procesos de interacción electromagnético, fuerte y débil relevante para las partículas con la materia en un amplio rango de energías. Por ejemplo la herramienta Geant4 es de uso genérico y está descrita en la página web https://geant4.web.cern.ch/. La simulación FLUKA que se usa para la interacción y transporte de partículas en la materia se presenta en la página web http://www.fluka.org. El código SRIM se aplica para calcular la propagación y alcance de las partículas en la materia y se puede encontrar en http://www.srim.org/.

Para finalizar, cabe mencionar que en el documento *Particle Data Group* (PDG 2020) y en especial el capítulo *Passage of Particle Through Matter* se puede encontrar información útil (como diagramas y fórmulas) sobre el paso de partículas a través de la materia. También puede encontrarse información gráfica sobre la pérdida de energía y la penetración de radiación en un material. Un ejemplo es la base de datos informatizada para el cálculo de poder de frenado y alcance para electrones, protones e iones de helio en diversos materiales que se presentan en la página web http://www.nist.gov/pml/data/star/index.cfm. Esta información la proporciona la *National Institute of Standards and Technology* (NIST 2017).

3.6. Normas ECSS

Existe una normativa para ayudar al proceso de desarrollo de una misión espacial y asegurar que el personal técnico homologa sus protocolos de trabajo. Más información sobre estas normas puede encontrarse en el apéndice A de este libro. A continuación se mencionan los manuales de esta normativa empleados para calcular los efectos de la radiación y las normas más importantes en relación con la radiación espacial:

- ECSS-E-ST-10-04C; Entorno espacial (*Space environment*).

- ECSS-E-ST-10-12C; Método para el cálculo de la radiación recibida y sus efectos, así como una política de márgenes de diseño (*Method for calculation of radiation effects and policy for margins*).

- ECSS-E-HB-10-12A; Cálculo de la radiación y sus efectos y manual de política de márgenes (*Calculation of radiation and its effects and margin policy handbook*).

- ECSS-E-ST-20-06C; Carga electrostática de un vehículo espacial (*Spacecraft charging*).

- ECSS-Q-ST-60-15C; Aseguramiento de la resistencia frente a la radiación, Componentes de EEE (*Radiation hardness assurance - EEE components*).

4

Dinámica orbital y análisis de la misión

4.1. Introducción

En este capítulo se consideran algunos aspectos generales de las misiones cosmonáuticas. Los apartados segundo y tercero tienen un carácter introductorio y están dedicados a refrescar ciertos conocimientos elementales de la mecánica celeste. En el apartado cuarto se presenta una descripción de los tipos de misión más generales así como las operaciones que intervienen en éstas. A continuación, en el apartado quinto, se definen las velocidades características utilizadas en cosmonáutica, velocidades que proporcionan un nivel de referencia de la energía asociada al tipo de órbita relacionada con una determinada misión.

Las transferencias entre órbitas son objeto de estudio en el apartado sexto, donde, por su particular interés y su conveniencia para explicar las misiones cosmonáuticas desde un punto de vista básico, se presentan los dos tipos más simples de transferencia entre órbitas: la transferencia coplanar de Hohmann y el cambio de inclinación de la órbita. Finalmente se describen dos de los tipos de misiones terrestres más frecuentes: la misión de comunicaciones (en órbita geoestacionaria) y las misiones de observación de la Tierra (órbita terrestre baja helio–geosíncrona).

En este capítulo se han incluido también dos apéndices, uno dedicado a las diversas formas de expresar la ecuación de la elipse, y otro a las leyes de Kepler y a la de gravitación universal de Newton.

Antes de entrar en el desarrollo del capítulo conviene recordar algunas definiciones y leyes básicas:

- **Fuerzas centrales**: se llaman fuerzas centrales todas aquellas cuya línea de acción pasa siempre por un punto fijo y cuyo valor es función de la distancia a ese punto fijo o centro.

- **Gravitación universal**: se llama gravitación universal a la fuerza atractiva que se ejerce mutuamente entre dos astros y en general, entre dos masas cualesquiera. Esta fuerza es proporcional al producto de las masas e inversamente proporcional al cuadrado de la distancia.

- **Leyes de Kepler**: hasta la mitad del siglo XV se creía que todos los cuerpos y astros giraban alrededor de la tierra (sistema geocéntrico) pero los experimentos realizados por Copérnico demostraron que la tierra y demás astros se movían alrededor del Sol (sistema heliocéntrico) siguiendo ciertas leyes que llegó a establecer Kepler en el siglo XVIII basándose en las experiencias de Copérnico y Tycho Brahe. Estas leyes se enuncian de la forma siguiente:

  - Todos los planetas describen en su movimiento alrededor del Sol órbitas planas elípticas, ocupando éste uno de los focos.

  - Las áreas barridas por los radiovectores en tiempos iguales son iguales. Otra forma de decirlo es que la velocidad areolar es constante.

  - Los cuadrados de los períodos de las órbitas son directamente proporcionales a los cubos de los semiejes mayores correspondientes.

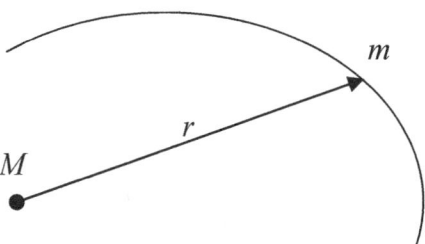

Figura 4.1: Esquema de las magnitudes que intervienen en la definición de la trayectoria de un cuerpo de masa m sometido a la atracción gravitatoria de otro cuerpo de masa M.

4.2. El problema de un cuerpo

Se trata de deducir la trayectoria de un cuerpo de masa m sometido a la fuerza gravitatoria de otro, de masa M, que se denomina primario, situado en el origen de coordenadas.

Para determinar la trayectoria se establece la ecuación de equilibrio entre la fuerza y el producto de la masa por la aceleración (Thomson, 1961; Elices, 1991; Wiesel, 1997). Si en un instante dado es r la distancia entre ambos cuerpos (figura 4.1), la aceleración radial del cuerpo de masa m es,

$$a_r = \frac{\mathrm{d}^2 r}{\mathrm{d}t^2} - r\left(\frac{\mathrm{d}\theta}{\mathrm{d}t}\right)^2, \tag{4.1}$$

la ecuación de equilibrio se escribe,

$$m\left[\frac{\mathrm{d}^2 r}{\mathrm{d}t^2} - r\left(\frac{\mathrm{d}\theta}{\mathrm{d}t}\right)^2\right] = -\frac{GmM}{r^2}, \tag{4.2}$$

es decir:

$$\frac{\mathrm{d}^2 r}{\mathrm{d}t^2} - r\left(\frac{\mathrm{d}\theta}{\mathrm{d}t}\right)^2 = -\frac{\mu}{r^2}, \tag{4.3}$$

siendo $\mu = MG$, donde G es la constante de la gravitación universal, $G = 6.673 \times 10^{-11}\,\mathrm{m}^3 \cdot \mathrm{kg}^{-1} \cdot \mathrm{s}^{-2}$.

Para integrar esta ecuación es necesario realizar un cambio de variable en la forma $r = 1/u$, de modo que

$$\left. \begin{array}{l} \dfrac{\mathrm{d}r}{\mathrm{d}t} = -\dfrac{1}{u^2}\dfrac{\mathrm{d}u}{\mathrm{d}\theta}\dfrac{\mathrm{d}\theta}{\mathrm{d}t} = -h\dfrac{\mathrm{d}u}{\mathrm{d}\theta} \\[3mm] \dfrac{\mathrm{d}^2 r}{\mathrm{d}t^2} = -h\dfrac{\mathrm{d}^2 u}{\mathrm{d}\theta^2}\dfrac{\mathrm{d}\theta}{\mathrm{d}t} = -h^2 u^2 \dfrac{\mathrm{d}^2 u}{\mathrm{d}\theta^2} \end{array} \right\}, \tag{4.4}$$

donde $h = r^2 \mathrm{d}\theta/\mathrm{d}t = (1/u^2)\mathrm{d}\theta/\mathrm{d}t$ es el doble de la velocidad aerolar de la órbita. Substituyendo en (4.1) se tiene

$$-h^2 u^2 \dfrac{\mathrm{d}^2 u}{\mathrm{d}\theta^2} - r\left(\dfrac{\mathrm{d}\theta}{\mathrm{d}t}\right)^2 = -\dfrac{\mu}{r^2}, \tag{4.5}$$

o bien

$$\dfrac{\mathrm{d}^2 u}{\mathrm{d}\theta^2} + u = -\dfrac{\mu}{h^2}. \tag{4.6}$$

Se comprueba que la solución de esta ecuación diferencial es

$$u = c\cos(\theta - \varepsilon) + \dfrac{\mu}{h^2}, \tag{4.7}$$

que se puede escribir como

$$r = \dfrac{\dfrac{h^2}{\mu}}{1 + c\dfrac{h^2}{\mu}\cos(\theta - \varepsilon)}, \tag{4.8}$$

donde c y ε son dos constántes, a determinar por condiciones auxiliares.

La ecuación (4.8), que corresponde a una elipse, se puede poner como

$$r = \dfrac{\dfrac{h^2}{\mu}}{1 + e\cos(\theta - \varepsilon)}, \tag{4.9}$$

donde e es la excentricidad, $e = ch^2/\mu$.

El periapsis de una elipse (el punto más próximo al foco, como se muestra en la figura 2A) se presenta para $\theta = \varepsilon$, siendo el radio $r = r_p$, es decir

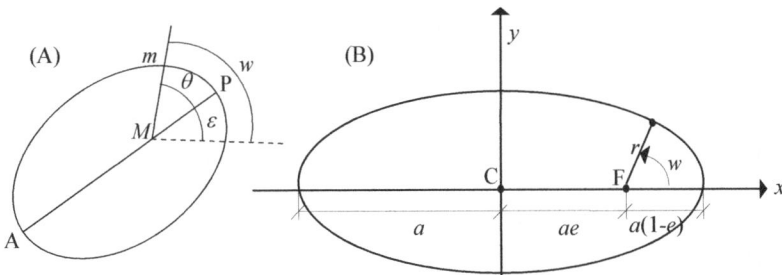

Figura 4.2: En el esquema A se presenta la definición de los parámetros de la trayectoria elíptica. P: periapsis; A: apoapsis; O: foco o centro. En el esquema B se muestran los elementos geométricos de la elipse.

$$r_p = \frac{h^2}{\mu(1+e)} \tag{4.10}$$

Como en una elipse la distancia del periapsis al foco es $r_p = a(1-e)$, siendo a el semieje de la elipse (figura 4.2B), se obtiene la expresión (Wolverton, 1961; Roy, 1988)

$$r_p = \frac{h^2}{\mu(1+e)} = a(1-e), \tag{4.11}$$

de donde resulta la expresión

$$a(1-e^2) = \frac{h^2}{\mu} \tag{4.12}$$

que relaciona los parámetros geométricos de la cónica (a,e), con los mecánicos (h^2,μ).

La ecuación (4.9) se escribe ahora en la forma

$$r = \frac{a(1-e^2)}{1+e\cos w}, \tag{4.13}$$

donde $w = \theta - \varepsilon$ es la anomalía verdadera (figura 4.2).

La ecuación (4.13) representa cualquier tipo de cónica, dependiendo de los valores de a y e, en la forma siguiente:

- Circunferencia: $e = 0$, $a > 0$.

- Elipse: $0 < e < 1$, $a > 0$.

- Parábola: $e = 1$, $a \to \infty$, $a(1-e^2) = 2q$, siendo q la distancia del periapsis al foco.

- Hipérbola: $e > 1$, $a < 0$.

El tipo de trayectoria se puede relacionar con la energía total del cuerpo. En efecto, la energía cinética por unidad de masa es $V^2/2$ y la potencial es $-\mu/r$; la suma de ambas es una constante α

$$\alpha = \frac{1}{2}V^2 - \frac{\mu}{r}. \tag{4.14}$$

En esta expresión se ha tomado el infinito respecto al primario como origen para la energía potencial, por lo que la energía potencial aparece como negativa. Los casos posibles son:

- Si α es negativo, el valor máximo de r está limitado, $r_{max} = -\mu/\alpha$ y la trayectoria es una circunferencia o una elipse.

- Si α es positivo, r puede llegar ser infinito sin que se anule V (hipérbola).

- Si α es cero, cuando V tiende a cero r tiende a infinito (parábola).

El valor de α se puede calcular particularizando la ecuación de la energía en el periapsis. En efecto, teniendo en cuenta que en el periapsis es $h = V_p r_p$, se puede calcular V_p. Por otro lado, de (4.14), la energía total α es

$$\alpha = \frac{1}{2}V_p^2 - \frac{\mu}{r_p} = \frac{h^2}{2r_p^2} - \frac{\mu}{r_p} = \frac{\mu a(1-e^2)}{2a^2(1-e)^2} - \frac{\mu}{a(1-e)} = -\frac{\mu}{2a}, \tag{4.15}$$

y por tanto, la ecuación de la energía queda

$$\frac{1}{2}V^2 - \frac{\mu}{r} = -\frac{\mu}{2a}. \tag{4.16}$$

La trayectoria parabólica, la de mínima energía necesaria para escapar de la atracción del cuerpo central se obtiene con $\alpha = 0$. Para ello se necesita que en la posición r_p la velocidad sea $V = V_P$ (V_P se denomina *velocidad parabólica* o *de escape*)

$$V_P = \sqrt{\frac{2\mu}{r_p}}. \tag{4.17}$$

4.3. Determinación de la órbita en un plano a partir de las condiciones iniciales

El tipo de órbita y los valores de a y e se pueden determinar fácilmente a partir de los valores de $\vec{r}$ y $\vec{V}$ en un punto determinado de la órbita (por ejemplo, las condiciones de inyección de un satélite en órbita) en la forma siguiente.

1. De la ecuación (4.14) se determina α y por lo tanto, el tipo de órbita (elipse, parábola o hipérbola).

2. De las ecuaciones (4.15) ó (4.16) se determina $a = -\mu/(2a)$.

3. En caso de que sea una elipse, del apéndice A4 (apartado 4.9) se deduce el movimiento medio $n = (\mu/a^3)^{1/2}$.

4. Como el momento cinético (por unidad de masa) h es conocido ($\vec{h} = \vec{r} \wedge \vec{V}$, es decir $h = rV \sin\phi$, siendo ϕ el ángulo entre $\vec{r}$ y $\vec{V}$) la excentricidad se obtiene a partir de la ecuación (4.11).

4.4. Misiones cosmonáuticas

Se entiende como *misión cosmonáutica* cualquier desplazamiento realizado por un cuerpo artificial fuera de la atmósfera de la tierra. Este concepto es más general que el de astronáutica (relativo a la navegación entre astros).

Desde el punto de vista del astro al que se viaja se consideran los siguientes tipos de misiones:

- Satélites de la Tierra

- Misiones lunares

- Misiones interplanetarias

y atendiendo al tipo de encuentro con el cuerpo al que se viaje se consideran los casos siguientes:

- Intercepción: la única condición es la del encuentro, con velocidad relativa arbitraria (por ejemplo, impacto de naves sobre planetas).

- Rendez–vous: la condición del encuentro es con velocidad relativa nula (este sería el caso de aterrizaje suave sobre un astro).

- Sobre–vuelo (*fly–by*): la condición del encuentro se relaja en el sentido de producirse a una cierta distancia, con una cierta velocidad relativa, evitándose el contacto físico.

- Satelización: como el anterior pero siendo capturado el cuerpo por el campo gravitatorio del cuerpo de destino y manteniéndose en órbita.

Las operaciones de las que consta una misión cosmonáutica se pueden agrupar desde un punto de vista muy general, en las fases siguientes:

- La fase de prelanzamiento, que incluye todas aquellas operaciones que son necesarias para efectuar la ignición del vehículo lanzador y la separación del cable umbilical entre el sistema de vuelo (vehículo espacial más el lanzador) y las instalaciones de tierra.

- La fase de lanzamiento, que comprende una secuencia de sucesos mucho de ellos preprogramados y automáticos a través de las cintas de lanzamiento (que controlan la trayectoria seguida por el vehículo lanzador), que se preparan para una misión específica tras una planificación cuidadosa, con el fin de situar el vehículo espacial en

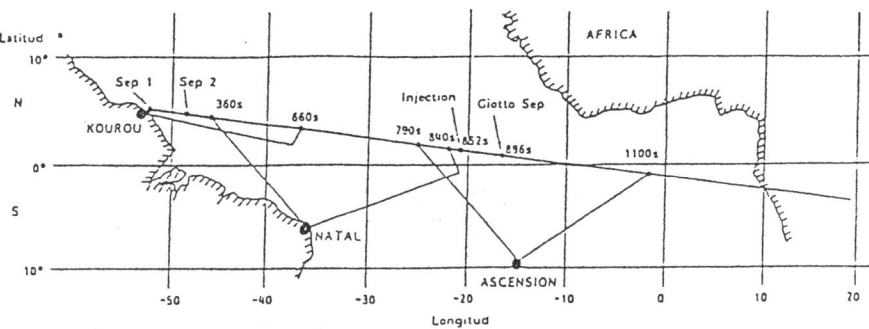

Figura 4.3: Inyección de la sonda Giotto: 145s, quemado de la primera etapa, 149.9 s, separación de la primera etapa, 285.4 s, quemado de la segunda etapa, 290.4, separación de la segunda etapa, 850.8 s, corte de la tercera etapa, 852.2 s, inyección en órbita, 881.1 s, rotación de 10 rpm, 899.2 s, separación de la sonda Giotto; adaptada de Stark & Swinerd (1995).

la órbita intermedia apropiada, a partir de la cual se podrá alcanzar la órbita operacional. Una limitación evidente durante esta fase es el requisito de contacto permanente de comunicaciones y el seguimiento entre el vehículo y el sistema de tierra con el objeto de supervisar las actuaciones del vehículo lanzador y, si fuera necesario, tomar el control desde tierra para abortar la misión. En la figura 4.3 se muestra la red de control de vuelo que se empleó para el lanzamiento de la sonda Giotto en 1985 desde la base espacial de Kourou (Guayana Francesa), con indicación de los tiempos de los principales eventos.

- La fase de transferencia de órbita comprende las operaciones de cambio de trayectoria desde la órbita donde realmente el vehículo lanzador ha situado al vehículo espacial hasta la órbita donde se ha de desarrollar la fase operacional de la misión. Hay una cierta indeterminación a priori en la órbita que alcanzará el lanzador en el momento de fin de combustión (indeterminación conocida a partir de la envolvente de actuaciones del lanzador), y existe otra indeterminación a posteriori debida al proceso de determinación de la órbita, que incluye los errores de las medidas de distancias y velocidades a lo largo de la trayectoria del vehículo espacial. La transferencia de órbita requiere propulsante, siendo labor de los planificadores de la misión determinar la cantidad necesaria para alcanzar la órbita deseada tomando como punto de partida un cierto grupo de posibles órbitas iniciales, con un nivel de confianza dado. Esta característica es especialmente importante para los vehículos espaciales que vayan a ser colocados en la órbita geoestacionaria, ya que las operaciones finales necesarias para alcanzar esta órbita requieren el uso del sistema de propulsión secundaria, que ha de ser usado más tarde para control de órbita y actitud. Un uso excesivo, o un aprovisionamiento escaso, de propulsantes daría lugar a una cierta reducción de la vida operacional del sistema espacial en conjunto.

- Las operaciones en posición incluyen las de control de actitud y las de conservación de la posición. En las misiones de observación, los objetivos científicos pueden requerir un continuo cambio de la orientación del vehículo espacial, para conseguir apuntar a un cierto sector, o incluso a la totalidad, de la esfera celeste. Para conseguir optimizar el programa de observación es necesario hacer una planificación cuidadosa, que tenga en cuenta tanto las distancias angulares a recorrer como las velocidades de giro, con objeto de minimizar el gasto de propulsante. Aunque también debe existir un cierto margen para la planificación de contingencias, y así poder realizar apuntamientos no planificados. La mayoría de las misiones científicas se terminan únicamente debido al agotamiento del propulsante. Otras restricciones que pueden producirse en misiones de observación científica son los límites mínimos para los valores de los ángulos entre el telescopio y el Sol y/o el limbo de la Tierra, el paso a través de la anomalía del campo geomagnético del Atlántico Sur, el consumo de fluidos criogénicos, etc.

- La terminación funcional de la vida útil del vehículo espacial es el último suceso de la misión espacial. Existe una gran demanda, en aumento constante, de segmentos de longitud en la órbita geoestacionaria. Un satélite descontrolado en esa órbita es una pérdida que además produce riesgo de colisión. Se ha convertido en una práctica común desplazar de la órbita geoestacionaria a los vehículos espaciales fuera de uso, pasándolos a una órbita más alta, empleando la reserva de propulsante del sistema de propulsión secundaria para esta maniobra (véase el apartado 2.6). En el caso de la misiones de órbita terrestre baja se procura realizar una reentrada controlada en la atmósfera (apartados 2.9 y 2.10).

- En la planificación de la misión se deben tener en cuenta las fuerzas de perturbación que actúan sobre el cuerpo, además de aquellas que hacen que el vehículo se mueva según una cierta órbita de referencia. Estas perturbaciones pueden ser la no esfericidad del primario, la influencia de otros cuerpos, las fuerzas aerodinámicas residuales, la presión de radiación, etc. (Baker, 1967).

4.5. Velocidades cosmonáuticas características

Las velocidades cosmonáuticas características son la velocidad de satelización, la velocidad de escape (parabólica) y la velocidad hiperbólica:

- La velocidad de satelización V_c es la que tiene un cuerpo en órbita circular a una distancia $a = r$ del centro de atracción. De la ecuación de la energía se deduce que

$$V_c = \sqrt{\frac{\mu}{r}}. \tag{4.18}$$

Si se trata de un satélite terrestre, entonces V_c se puede escribir como

$$V_c = \sqrt{\frac{\mu_\oplus}{r}} = \sqrt{\frac{\mu_\oplus}{r^2}r} = \sqrt{gr} = \frac{R}{r}\sqrt{g_0 r}, \tag{4.19}$$

donde $\mu_\oplus$ es el valor de la constante μ para la tierra, g es la aceleración de la gravedad, g_0 es el valor de g en la superficie terrestre y R es el radio de la tierra ($gr^2 = g_0 R^2$).

- La velocidad de satelización es la que habría que proporcionar en la dirección adecuada a un satélite situado a una distancia r del centro de atracción para que el satélite mantuviera una órbita circular.

- La velocidad de escape (o parabólica) V_P es la que tiene un cuerpo en un punto de una órbita parabólica a la distancia r del centro de atracción. Al seguir esta trayectoria el cuerpo se aleja hasta el infinito con relación al centro de atracción, al que llega con velocidad nula. El cuerpo tiene la energía necesaria para vencer el campo gravitatorio.

De la ecuación de la energía para una órbita (haciendo $\mu/a = 0$) se deduce

$$V_P = \sqrt{\frac{2\mu}{r}} = \sqrt{2}V_c. \qquad (4.20)$$

Si se tratara de un cuerpo que ha escapado de la órbita terrestre se podría considerar que, con relación al Sol, el cuerpo se desplaza en la misma órbita que la Tierra con la misma velocidad orbital y aproximadamente en la misma posición orbital, pero sin estar sometido al campo gravitatorio terrestre.

- La velocidad hiperbólica V_H es la que tiene un cuerpo en un punto de una trayectoria hiperbólica, a la distancia r del centro de atracción. En este caso el cuerpo tiene una energía superior a la necesaria para vencer el campo gravitatorio del centro de atracción y por lo tanto, no sólo se aleja a gran distancia del centro de atracción, sino que escapa de la órbita en la que estuviera el centro de atracción. En el caso de la órbita hiperbólica de la ecuación de la energía se deduce, si $r \to \infty$, que $V_\infty^2 = \mu/a$, y en consecuencia

$$V_H = \sqrt{\frac{2\mu}{r} + V_\infty^2}, \qquad (4.21)$$

donde V_∞ es la velocidad del móvil en el infinito.

4.6. Transferencias entre orbitas

Como ya se ha dicho, la transferencia entre órbitas es el conjunto de operaciones necesarias para pasar de una órbita inicial a otra órbita final.

Para ello es necesario emplear diversas acciones impulsivas. Una acción impulsiva es una modelización del empuje proporcionado por un motor cohete (fuerza grande de duración relativamente corta).

El cálculo de las trayectorias se simplifica si se considera que la aplicación del empuje es instantánea es decir, se produce un cambio en el vector velocidad sin cambio apreciable del vector desplazamiento. Aunque esto no es posible (el empuje del motor se mantiene durante un tiempo finito) si el empuje es elevado y el tiempo de encendido es corto ésta es una buena aproximación.

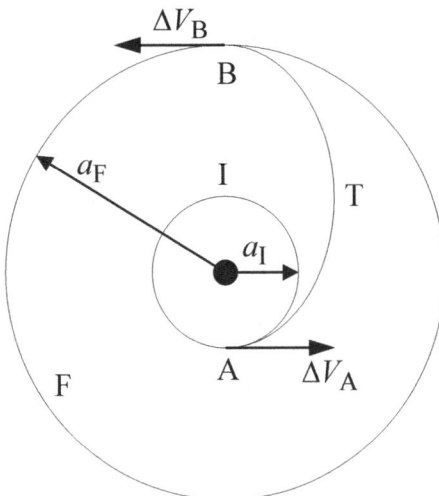

Figura 4.4: Transferencia de Hohmann. I: órbita inicial; T: órbita de transferencia; F: órbita final; $\triangle V_A$ y $\triangle V_B$ son los incrementos de velocidad impulsivos aplicados en los puntos A y B, respectivamente.

Los dos tipos más sencillos de transferencia entre órbitas son la denominada transferencia de *Hohmann* y el *cambio de inclinación de órbitas*.

4.6.1. Transferencia coplanar de Hohmann

La transferencia coplanar de Hohmann (Kaplan, 1976) permite pasar desde una órbita circular inicial I a otra órbita circular final F, en el mismo plano que I, a través de una órbita elíptica de transferencia T, tal como se esquematiza en la figura 4.4.

Para ello se aplica un impulso en el instante de paso por el punto A que da lugar a un incremento de velocidad $\triangle V_A$, en la dirección del movimiento del vehículo. Este incremento de velocidad aumenta la energía del móvil, cambiando su trayectoria a una elipse de transferencia T. Si al paso por el punto B se aplica un segundo incremento adecuado de velocidad, se aumenta la energía del móvil hasta obtener la velocidad circular (o de satelización) para el radio en B.

Para determinar V_A y V_B es necesario conocer las velocidades en el periapsis V_p y apoapsis V_a en una órbita elíptica. Para ello se utiliza una vez más la ecuación de la energía, particularizada en el periapsis y en el apoapsis.

Teniendo en cuenta que $r_p + r_a = 2a$ se obtiene

$$\left.\begin{aligned} V_p^2 &= \frac{2\mu}{r_p}\frac{r_a}{r_p+r_a} \\[2mm] V_a^2 &= \frac{2\mu}{r_a}\frac{r_p}{r_p+r_a} \end{aligned}\right\}. \tag{4.22}$$

Las fases de la transferencia de Hohmann son, pues, las siguientes:

1) Paso de la órbita circular de radio r_I a la órbita de transferencia de semieje a para lo que se necesita un incremento de velocidad desde la velocidad circular en el punto A, V_I a la velocidad en el periapsis de la órbita elíptica de transferencia T, V_p, donde

$$\left.\begin{aligned} V_I^2 &= \frac{\mu}{a_I} \\[2mm] V_P^2 &= \frac{2\mu}{a_I}\frac{a_F}{a_I+a_F} \end{aligned}\right\}. \tag{4.23}$$

Por lo tanto, el impulso debe dar lugar a un incremento de velocidad $\triangle V_A$

$$\triangle V_A = \sqrt{\frac{2\mu}{a_I}\frac{a_F}{a_I+a_F}} - \sqrt{\frac{\mu}{a_I}}. \tag{4.24}$$

2) Paso de la órbita de transferencia elíptica de semieje a a la órbita circular de radio r_F. Análogamente al caso anterior, el incremento de velocidad $\triangle V_B$ necesario resulta ser

$$\triangle V_B = \sqrt{\frac{\mu}{a_F}} - \sqrt{\frac{2\mu}{a_F}\frac{a_I}{a_I+a_F}}. \tag{4.25}$$

El impulso total necesario se traduce en un incremento de velocidad $\triangle V_H = \triangle V_A + \triangle V_B$. Para escribirlo en forma adimensional se divide esta expresión por V_I, obteniéndose

$$\frac{\triangle V_H}{V_I} = \sqrt{\left(1 - \frac{1}{\mathscr{R}}\right)\left(\frac{2\mathscr{R}}{1+\mathscr{R}}\right)} + \sqrt{\frac{1}{\mathscr{R}}} - 1, \tag{4.26}$$

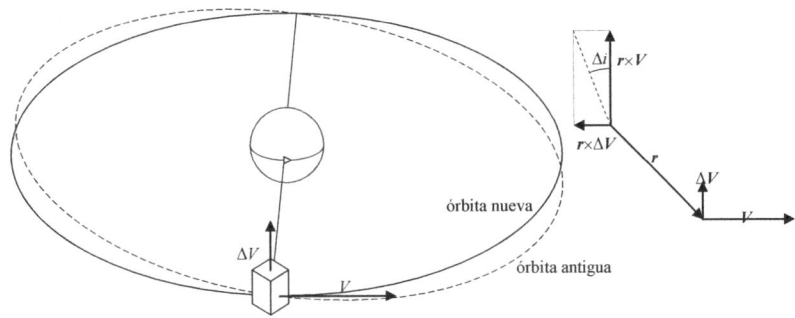

Figura 4.5: Cambio del plano orbital producido por un impulso en dirección norte. La línea a trazos muestra la posición de la órbita antes del impulso.

donde $\mathscr{R} = a_F / a_I$.

La transferencia de Hohmann es la más adecuada para valores $0 < \mathscr{R} \leqslant$ 11.9, existiendo otros tipos de transferencias más adecuados para valores mayores de $\mathscr{R}$. Este método permite analizar también los problemas de escape y captura de un vehículo espacial desde un planeta del sistema solar a otro.

Dados los órdenes de magnitud de distancia, tiempo y coste que implican las operaciones cosmonáuticas, y las limitaciones de peso y de dimensiones de los vehículos espaciales, el problema de la transferencia viene condicionado por diversos criterios de optimización. Algunos ejemplos típicos son los casos de consumo mínimo de propulsantes (equivalente a incremento mínimo de velocidad) y de tiempo de transferencia mínimo.

4.6.2. Cambio de inclinación de la órbita

El cambio de inclinación de la órbita consiste en el cambio de orientación en el espacio del plano que contiene la órbita y se efectúa mediante un impulso dirigido según la perpendicular al plano orbital. El vector momento cinético del satélite, $\vec{r} \wedge \vec{V}$, está dirigido según la normal al plano de la órbita. Si el impulso proporciona un incremento de velocidad contenido en el plano de la órbita, la orientación del momento cinético no cambia, como es el caso de las transferencias coplanarias.

Como se muestra en la figura 4.5, el cambio de inclinación de la órbita $\triangle i$ se produce como un giro del plano de la órbita según el eje que une el satélite y el primario siendo su magnitud $\triangle i = \triangle V / V$ (supuesto que $\triangle V$ es pequeño

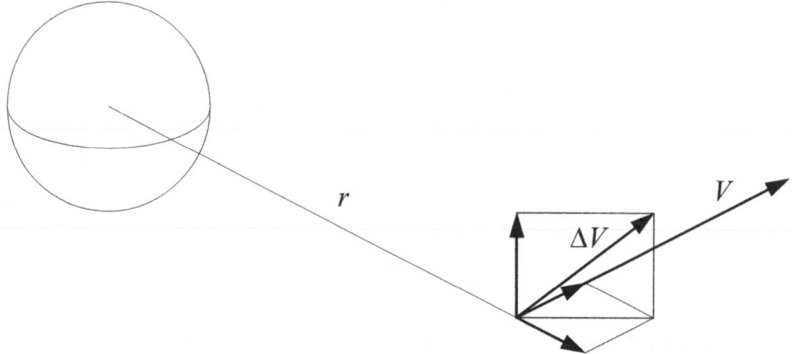

Figura 4.6: Un incremento de velocidad obtenido mediante un impulso general dividido en sus tres componentes ortogonales: radial, tangencial y perpendicular al plano orbital.

comparado con V).

Como el incremento de velocidad, $\triangle V$, necesario para hacer un cambio de inclinación determinado $\triangle i$ es proporcional a la velocidad del vehículo en el momento del encendido del motor, V, esta operación se realiza en el momento de paso por el apogeo (donde V es mínima). En el caso general, como se muestra en la figura 4.6, el impulso tiene una dirección genérica, con componentes radial, tangencial y perpendicular al plano orbital. En la práctica se coordinan todas las maniobras necesarias de cambio de inclinación y cambio de excentricidad para que con un único encendido del motor se obtenga el $\triangle V$ necesario.

4.7. Órbita geoestacionaria

La utilidad de la órbita geoestacionaria fue puesta de relieve por primera vez por Arthur C. Clarke. Su principal característica es que el punto subsatélite permanece fijo en longitud (con latitud nula) por lo que no presenta problemas de seguimiento dinámico desde la Tierra. Así pues, puede suministrar comunicaciones entre puntos fijos de cualquier emplazamiento que se sitúe dentro del haz de sus antenas. En la figura 4.7a se muestra el horizonte visto desde la órbita geoestacionaria y las regiones sobre las cuales el vehículo espacial aparece con una elevación mayor de 10°. En la figura 4.7b se muestra como con sólo tres satélites se puede suministrar cobertura

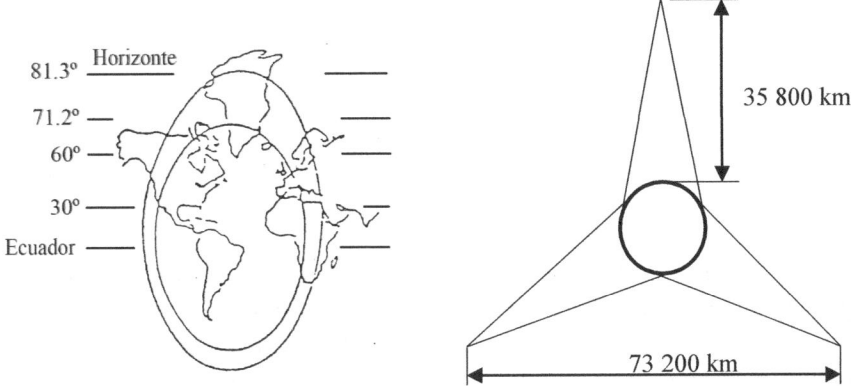

Figura 4.7: Visión de la Tierra desde la órbita geoestacionaria. a) Cobertura de un satélite con una elevación mínima de 10° sobre el horizonte. b) Cobertura de toda la Tierra con tres satélites geoestacionarios.

global de comunicaciones.

La posición de la órbita geoestacionaria se deduce de la condición de que el punto subsatélite permanezca fijo respecto a tierra. En primer lugar esta órbita debe ser ecuatorial (para que el punto subsatélite no cambie de latitud) y en segundo lugar su velocidad orbital angular debe ser igual que la velocidad de rotación sidérea (medida respecto a las estrellas) de la Tierra ψ. Esto implica que la órbita sea circular con un radio A cuyo valor se deduce del equilibrio de fuerzas:

$$m\psi^2 A = \frac{m\mu_\oplus}{A^2}, \qquad (4.27)$$

de donde se obtiene $A = (\mu_\oplus/\psi^2)^{1/3} = 42.2 \times 10^6$ m, habiendo tomado $\mu_\oplus = 3.986 \times 10^{14}$ m$^3\cdot$s^{-2}, y $\psi = 7.29 \times 10^{-5}$ s^{-1}).

4.7.1. Adquisición de la órbita geoestacionaria

La etapa final de un vehículo lanzador pone un satélite en una órbita nominal (por ejemplo, el Shuttle ponía 2 o 3 satélites cada vez en una órbita terrestre baja de unos pocos cientos de kilómetros de altitud, con una inclinación de unos 28°). Se necesita una unidad de propulsión para transformar esta órbita en una elíptica cuyo apogeo este próximo a la altura geoestacionaria (35786.4 km) mientras el perigeo se mantiene en la altitud

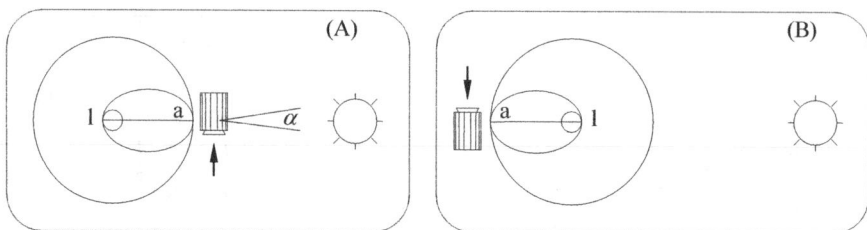

Figura 4.8: Orientación requerida al vehículo para preparar el encendido del motor de apogeo con objeto de circularizar la órbita de transferencia a la geoestacionaria. α es el ángulo permitido de iluminación solar, l representa el punto de lanzamiento, y el punto "a" el apogeo.

de la órbita del Shuttle. Esta unidad es con frecuencia un motor cohete de propulsante sólido denominada PAM (*Payload Assist Module*). Es necesaria una gran precisión en el tiempo en el que se produce el encendido del motor para obtener la órbita de transferencia correcta. El apogeo debe producirse en un cruce nodal para que, posteriormente mediante un único encendido de un motor de apogeo se pueda, a la vez, recircularizar la órbita y reorientar su plano hasta alcanzar el plano ecuatorial.

En el caso de Ariane IV el proceso era semejante, con algunas diferencias. La tercera etapa sitúa al satélite directamente en una órbita de transferencia a la geoestacionaria con un perigeo de unos 200 km de altitud y un apogeo próximo a la altitud geoestacionaria. La separación entre el vehículo espacial y el vehículo lanzador se produce después de unos 15 minutos de vuelo propulsado. El plano de la órbita de transferencia a la geoestacionaria está inclinado unos 5° respecto al ecuador, mucho menos que la del Shuttle. Transcurren varias revoluciones del vehículo espacial en la órbita de transferencia antes de que se ordene la inyección del vehículo espacial en una órbita casi circular muy próxima a la órbita geoestacionaria. Este período se emplea en el seguimiento del satélite para determinar con precisión su órbita antes de encender el motor de apogeo, gracias al cual la velocidad del satélite en el apogeo pasa de unos 1.6 km/s a unos 3 km/s. La mayor parte de los satélites se estabilizan giroscópicamente durante toda la fase de transferencia y adquisición de la órbita, aunque los vehículos que emplean motores de apogeo de propulsante líquido (como era el caso del Olympus) se controlan en tres ejes. La orientación del eje de giro y su control durante el encendido del motor es crucial para alcanzar la órbita deseada y por el control térmico.

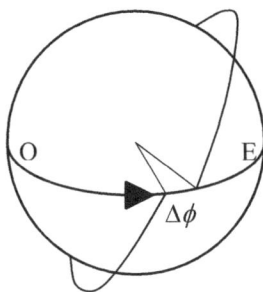

Figura 4.9: Movimiento del plano de la órbita.

Esta última restricción implica generalmente que el encendido del motor de apogeo se produzca a medianoche o mediodía local, dado que el eje de giro está orientado según el empuje, como se indica en la figura 4.8.

4.8.   Órbita polar baja. Satélites de teledetección

Para observar toda la superficie de la Tierra desde posiciones próximas es necesario emplear órbitas polares bajas. Por otra parte, la calibración y la interpretación de los datos de los instrumentos de observación de la Tierra se simplifican si la órbita del satélite es circular y si se observa bajo condiciones de iluminación solares bien definidas. Si la órbita es heliosíncrona, la precesión del plano de la órbita se ajusta al movimiento aparente del Sol a lo largo de la eclíptica, y así el punto subsatélite está siempre siendo observado en alguna de las dos horas solares fijas posibles del día. Además el análisis de los datos puede mejorarse si la órbita es geosíncrona.

Como la órbita está aproximadamente fija en el espacio (en un sistema de referencia inercial) y la Tierra gira dentro de ella, el resultado es que la trayectoria subsatélite de órbitas sucesivas corta al ecuador en puntos que se desplazan hacia el oeste, como se muestra en la figura 4.9. Una órbita geosíncrona se obtiene cuando el punto subsatélite, después de un cierto período de tiempo, sigue una trayectoria igual a la descrita en alguna órbita anterior. Esta repetición tiene un carácter periódico y se puede conseguir de diversas formas, como se explica posteriormente. Un ejemplo destacado es la una órbita geoestacionaria que es una órbita geosíncrona y ecuatorial.

Entre dos órbitas sucesivas, la posición del punto subsatélite sobre el ecuador entre dos pasos consecutivos cambia en longitud un valor $\triangle\phi$, a causa de dos efectos:

- La rotación de la Tierra

- La regresión nodal

Se toma $\triangle\phi$ positivo hace el este. La Tierra gira una revolución por cada período sidéreo τ_E, con $\tau_E = 86146.09055 + 0.015T$ segundos, donde T se mide en cientos de años a partir de 1900. Si el período del satélite es τ, la contribución de la rotación de la Tierra a $\triangle\phi$, $\triangle\phi_1$, viene dada por

$$\triangle\phi_1 = -2\pi\frac{\tau}{\tau_E}, \tag{4.28}$$

estando medida en radianes/órbita.

Por otra parte, la regresión de la línea de nodos proporciona una contribución $\triangle\phi_2$,

$$\triangle\phi_2 = -3\pi\frac{J_2 R_E^2 \cos i}{a^2(1-e^2)^2}, \tag{4.29}$$

donde i es la inclinación de la órbita y $J_2 = 1.0826 \times 10^{-3}$(Wertz & Larson, 2007).

El cambio total de longitud en el ecuador, es por tanto, $\triangle\phi = \triangle\phi_1 + \triangle\phi_2$.

Para obtener una órbita geosíncrona, se necesita que el valor acumulado de $\triangle\phi$ después de un cierto número de órbitas n sea un múltiplo m de 2π, es decir

$$n|\triangle\phi| = 2m\pi, \tag{4.30}$$

donde m es el número de revoluciones de la tierra (días) transcurrido entre repeticiones de la trayectoria.

La órbita heliosíncrona se obtiene cuando el plano de la órbita gira en el espacio a la misma velocidad que la Tierra se mueve alrededor del Sol (una vuelta por año, aproximadamente un grado al día). En la figura 4.10 se muestra este proceso a lo largo de un período de tres meses, durante el cual la órbita tiene que girar 90° para mantenerse en heliosincronía.

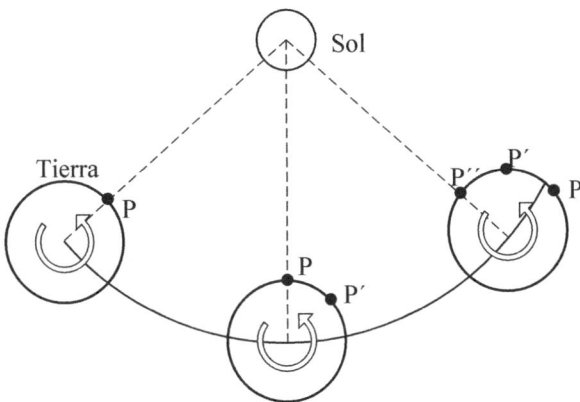

Figura 4.10: Movimiento sidéreo y solar.

La condición de heliosincronismo se puede deducir de la siguiente forma. Como se muestra en la figura 4.10, se considera un punto P fijo a la superficie de la Tierra, situado en la recta que une el centro de la Tierra con el centro del Sol. Un día sidéreo más tarde este punto no esta ya en dicha recta debido a la rotación de la Tierra alrededor del Sol. De hecho P se ha desplazado hacia el oeste un ángulo θ respecto al punto P′ de la recta Tierra–Sol. θ es el ángulo girado por la Tierra alrededor del Sol. Si la órbita del satélite permanece fija en el espacio inercial, el ángulo entre el plano de la órbita y la dirección solar se comportaría de manera parecida al punto P; no obstante, debido a la regresión de la línea de nodos la órbita gira a la velocidad descrita por la expresión (4.29), sin ningún gasto de propulsante. La condición de heliosincronismo es que el plano de la órbita mantenga siempre el mismo ángulo relativo al Sol, lo que se puede conseguir haciendo que la regresión nodal se ajuste al ángulo θ. El movimiento de giro del plano de la órbita debe ser hacia el este, por lo que el ángulo i debe ser superior a $\pi/2$, de acuerdo con (4.29); además, como el valor de θ es próximo a la unidad (1 grado/día), resulta que la órbita debe ser casi polar.

Suponiendo que la órbita de la Tierra alrededor del Sol es circular (en realidad $e = 0.0034$), el ángulo θ viene dado por el producto del tiempo transcurrido τ_E por la velocidad angular del movimiento de rotación de la Tierra alrededor del Sol, $2\pi/\tau_{ES}$ (cuyo período es $\tau_{ES} = 3.155815 \times 10^7$ s, o bien $\tau_{ES} \cong 365.25$ días), por tanto

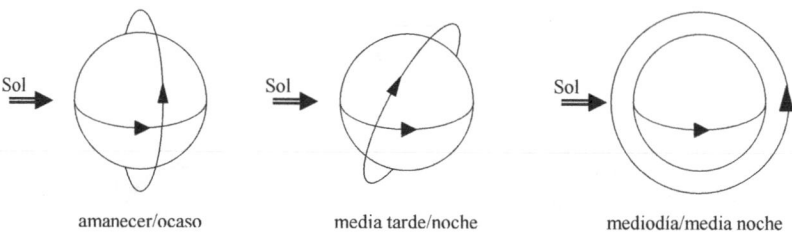

amanecer/ocaso   media tarde/noche   mediodía/media noche

Figura 4.11: Implicaciones de la hora local de cobertura.

$$\theta = 2\pi \frac{\tau_E}{\tau_{ES}}. \tag{4.31}$$

El ángulo girado durante una órbita de período τ es

$$\theta' = 2\pi \frac{\tau_E}{\tau_{ES}} \frac{\tau}{\tau_E}, \tag{4.32}$$

y por lo tanto la condición de heliosincronismo queda:

$$\triangle \phi_2 = 2\pi \frac{\tau_E}{\tau_{ES}} \frac{\tau}{\tau_E}, \tag{4.33}$$

Las órbitas heliosíncronas tienen la característica, útil para algunas misiones, de que desde ella se observa la Tierra varias veces al día a una hora fija, como se muestra en la figura 4.11. En general, la configuración de la izquierda (amanecer/ocaso) no es apropiada para la observación de la Tierra ya que el Sol está siempre bajo en el horizonte en el punto subsatélite, dando lugar a sombras largas y baja iluminación. No obstante es interesante desde el punto de vista del subsistema de potencia ya que proporciona períodos duraderos libres de eclipse, minimizando el almacenamiento de energía y los paneles solares pueden ponerse fijos al cuerpo del satélite. Si se alinean los paneles con la dirección de vuelo se minimiza el área proyectada en la dirección del vector velocidad, reduciendo la influencia de la resistencia aerodinámica y aumentando el tiempo de vida del satélite.

La otra característica relacionada con la variación de la hora solar de cobertura es que, al estar fijo el plano de la órbita con respecto al vector que apunta al Sol, es posible inclinar los paneles solares con relación al cuerpo del vehículo espacial para proporcionar las condiciones óptimas de iluminación para los paneles.

La condición de helio y geosincronismo simultáneo se obtiene substituyendo la expresión (4.33) en (4.30), es decir

$$n\tau \left| 1 - \frac{\tau_E}{\tau_{ES}} \right| = m\tau_E. \qquad (4.34)$$

El segundo miembro de la ecuación indica el número de días transcurridos entre dos trayectorias idénticas sucesivas. El factor τ_E/τ_{ES} es el recíproco del número días que tiene el año.

En el caso de helio y geosíncrono el desplazamiento angular entre órbitas sucesivas en dirección oeste está dado por

$$\triangle\phi = 2\pi\tau \left(\frac{1}{\tau_E} - \frac{1}{\tau_{ES}} \right) = 7.27 \times 10^{-5} \text{ radianes.} \qquad (4.35)$$

Por otra parte, se sabe que $\tau = 9.952 \times 10^{-3} a^{3/2}$ s, donde a es el radio de la órbita expresado en km. Como generalmente los satélites de teledetección en órbita terrestre baja están a una altitud de entre 550 y 950 km, el período de la órbita es está entre 95 minutos y 100 minutos, y por lo tanto, $\triangle\phi \sim 0.43$ radianes. Sobre el ecuador este ángulo se transforma en una distancia de unos 2 800 km entre las trazas sobre tierra, aunque varía con la altitud de la órbita.

Es obvio que se requerirían aparatos con un campo de vista muy amplio para poder cubrir la totalidad de la superficie de la Tierra, a menos que se puedan rellenar de alguna manera las trazas terrestres entre dos órbitas sucesivas, lo que se consigue aumentando el período entre repeticiones sucesivas de un determinado patrón de trazas terrestres. Por ejemplo, si el requisito es de una repetición diaria ($m = 1$), se encuentra, para las órbitas terrestres bajas, (altitudes entre 260 km y 900 km) que n debe ser 14, 15 o 16 (para altitudes de 894, 567 y 275 km, respectivamente). Este tipo de órbitas se denominan *órbitas sin deriva* y no se van rellenando las trazas terrestres en los días siguientes. Se puede conseguir una densidad de trazas mayores rellenando las trazas del primer día en los días siguientes. Así, se podría repetir el ciclo al cabo de un cierto número de días ($m > 1$) con un número de trazas n que no fuera múltiplo de m. Por ejemplo, si $m = 2$ y $n = 29$, al final del primer día y principio del siguiente, es decir, después de 15 órbitas se encuentra que $\triangle\phi > 2\pi$. De la ecuación (4.35) se deduce que $\triangle\phi > 2\pi + 0.2167$ radianes, que corresponde a un desplazamiento relativo

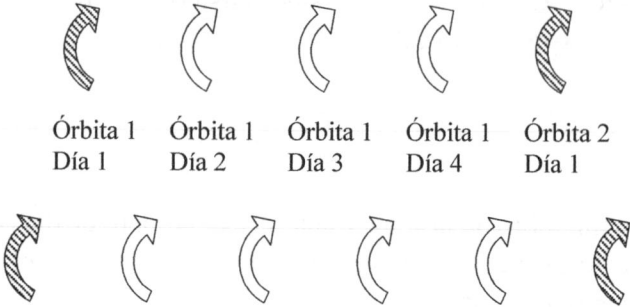

Órbita 1   Órbita 1   Órbita 1   Órbita 1   Órbita 2
Día 1   Día 2   Día 3   Día 4   Día 1

Figura 4.12: Llenado con órbitas: a) deriva mínima, b) deriva no–mínima.

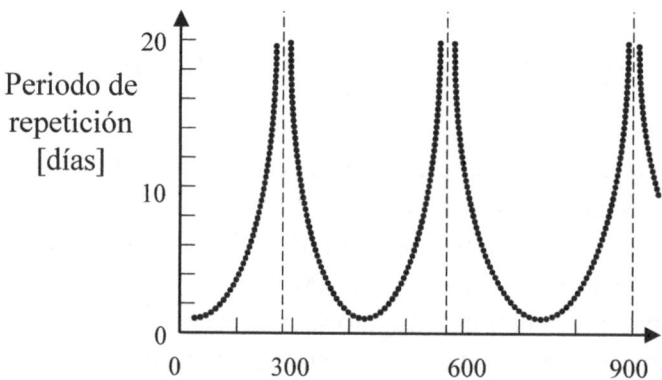

Figura 4.13: Lugar geométrico de los puntos que representan órbitas de deriva mínima, en función del período en días y de la altitud.

de 1 382 km respecto a la primera órbita. El espaciado inicial de 2 764 km se ha reducido a la mitad (al haber aumentado al doble el período de repetición, $m = 2$).

Si se cumple la condición $n \pm 1 = km$ (donde k es entero) se obtiene un órbita de deriva mínima, en la que las dos trazas sucesivas de un mismo día se van rellenando consecutivamente en días sucesivos, como se muestra en la figura 4.12. En el caso de órbitas de deriva no mínima ($n \pm 1 \neq km$) el rellenado no se produce de forma consecutiva (figura 4.12, esquema inferior).

Como el período τ es una función de la altitud, se puede representar el período de repetición de geosincronización en función de la altitud. En la figura 4.13 se representa el caso de órbitas de deriva mínima.

4.9.   Apéndice 4A. Ecuación de la elipse

Para comprobar que la ecuación de la elipse se puede escribir en la forma

$$r = \frac{a(1-e^2)}{1+e\cos w}, \tag{4.36}$$

sea una elipse de semiejes a y $a(1-e^2)^{1/2}$. Hay que comprobar que de (4.36) se obtiene la ecuación en coordenadas cartesianas de la elipse, es decir

$$\left(\frac{x}{A}\right)^2 + \left(\frac{y}{B}\right)^2 = 1. \tag{4.37}$$

El proceso para comprobarlo es el siguiente: primero se escriben $r = r(x,y)$ y $w = w(x,y)$, se sustituyen en (4.36) y se obtiene (4.37).

En efecto, de la figura 4.2 se deduce

$$\left.\begin{array}{c} \cos w = \dfrac{x-ae}{r} \\[2ex] r^2 = y^2 + (x-ae)^2 \end{array}\right\}. \tag{4.38}$$

La ecuación (4.36) se puede poner como

$$r(1+e\cos w) = a(1-e^2), \tag{4.39}$$

y sustituyendo la primera de (4.38) en (4.39) queda $r + ex = a$, o bien $r^2 = (a-ex)^2$, de modo que eliminando r entre esta última expresión y la segunda de (4.38) queda

$$\left(\frac{x}{a}\right)^2 + \left(\frac{y}{a\sqrt{1-e^2}}\right)^2 = 1, \tag{4.40}$$

como se quería demostrar.

4.10. Apéndice 4B. Relación entre las leyes de Kepler y la ley de gravitación universal de Newton

Newton, después de formular sus leyes del movimiento, dedujo la ley de la gravitación universal, basándose en las leyes de Kepler. El proceso de deducción de ésta última a partir de las primeras se resume a continuación.

1) Si la trayectoria de un cuerpo es una curva plana es necesario que la resultante de las fuerzas que actúan sobre él esté contenida en el plano del movimiento.

2) La resultante de las fuerzas que actúan sobre el cuerpo en todo instante pasa por un punto fijo (centro del primario). Se deduce de la segunda ley de Kepler (que establece que la velocidad areolar es constante). En efecto, el área $\triangle A$ barrida por el radio vector en un intervalo de tiempo $\triangle t$ es $\triangle A = (1/2)r^2\triangle\theta$, siendo r la distancia al Sol y θ el ángulo medido con respecto a una referencia.

La velocidad areolar es el límite del cociente $\triangle A/\triangle t$ cuando $\triangle t$ tiende a cero:

$$\frac{\mathrm{d}A}{\mathrm{d}t} = \frac{1}{2}r^2\frac{\mathrm{d}\theta}{\mathrm{d}t}. \tag{4.41}$$

El momento cinético dividido por la masa del cuerpo es precisamente $r^2\mathrm{d}A/\mathrm{d}t$, y como $\mathrm{d}A/\mathrm{d}t$ es constante el momento cinético también lo es.

La segunda ley de Newton dice que la variación del momento cinético respecto al punto central es igual al momento respecto a dicho punto de la resultante de fuerzas que actúan sobre el planeta. Por lo tanto, en este caso, al ser el momento cinético constante el momento de la fuerza debe ser nulo es decir, la fuerza debe ser central.

La constante $h = r^2\mathrm{d}\theta/\mathrm{d}t$ se denomina constante areolar del planeta, $h = 2\mathrm{d}A/\mathrm{d}t$.

3) La fuerza (de atracción) es inversamente proporcional al cuadrado de la distancia. Se deduce de la primera Ley de Kepler. En efecto, la ecuación de la elipse (en polares) es la ecuación (4.36), siendo a el semieje mayor, e la excentricidad (figura 4.3) y w el ángulo polar medido desde el periapsis

(Apéndice 4A).

La aceleración radial en polares es

$$ar = \frac{d^2r}{dt^2} - r\left(\frac{d\theta}{dt}\right)^2, \tag{4.42}$$

y calculándola para una trayectoria elíptica, expresión (4.36), se obtiene

$$\frac{dr}{dt} = \frac{a(1-e^2)e\sin w}{(1+e\cos w)^2}\frac{dw}{dt} = r^2\frac{dw}{dt}\frac{e\sin w}{a(1-e^2)} = he\frac{\sin w}{a(1-e^2)}, \tag{4.43}$$

$$\frac{d^2r}{dt^2} = he\frac{\cos w}{a(1-e^2)}\frac{dw}{dt} = h^2\frac{e\cos w}{a(1-e^2)r^2} = \frac{h^2}{r^3}\left[1 - \frac{r}{a(1-e^2)}\right], \tag{4.44}$$

$$r\frac{d^2\theta}{dt^2} = \frac{h^2}{r^3}. \tag{4.45}$$

Entonces a_r es

$$a_r = -\frac{h^2}{a(1-e^2)r^2}. \tag{4.46}$$

4) La fuerza de atracción es proporcional a la masa del planeta, a la masa del Sol y a una constante de gravitación universal. En efecto, primero se debe comprobar que la fuerza es proporcional a la masa del planeta m y a una constante idéntica para todos los planetas μ, y después que μ debe ser proporcional a la masa del cuerpo central y a una constante (la constante de gravitación universal).

Para la primera comprobación, como el área de la elipse es $\pi a^2(1-e^2)^{1/2}$ (π veces el producto de los semiejes), y la velocidad areolar es $h/2$, el período de la órbita P es el área de la órbita dividido por la velocidad areolar

$$P = \frac{2\pi a^2(1-e^2)^{1/2}}{h}. \tag{4.47}$$

El movimiento medio n, en una órbita elíptica se define como $2\pi/P$ y por lo tanto

$$n = \frac{h}{a^2(1-e^2)^{1/2}}, \tag{4.48}$$

y entonces

$$n^2 a^3 = \frac{h^2}{a(1-e^2)}. \tag{4.49}$$

De esta última expresión y de (4.46) se deduce que

$$a_r = -\frac{n^2 a^3}{r^2}. \tag{4.50}$$

Como $n^2 = 4\pi^2/P^2$, entonces $n^2 a^3 = 4\pi^2 a^3/P^2$. Como a^3/P^2 es constante según la tercera ley de Kepler, se deduce que la cantidad μ es una constante igual para todos los planetas. Si en la expresión de la aceleración aparece una constante igual para todos los planetas, la fuerza de atracción es proporcional a su masa.

Para la segunda proposición hay que considerar que la fuerza ejercida por el Sol sobre el planeta debe ser igual a la ejercida por el planeta sobre el Sol (tercera ley de Newton). Como la fuerza es proporcional a la masa del cuerpo atraído (y ambos lo son, el uno por el otro), la acción gravitatoria debe ser proporcional a las masas de ambos cuerpos. De aquí se deduce la ley de atracción universal que expresa que la fuerza de atracción mutua entre dos masa m_1 y m_2 está dirigida según la línea recta que las une y es igual a Gm_1m_2/r^2, siendo G la constante de gravitación universal ya definida en el apartado 4.2.

Normas ECSS

A.1. Introducción

Una misión espacial es un proceso donde multitud de agentes de muy diversa naturaleza (técnicos, administrativos, y de gestión) han de llevar a cabo sus tareas de forma coordinada, de modo que unas engranen con otras desde el inicio hasta el final de la misión. Esto es un claro ejemplo de lo que se conoce como ingeniería de sistemas, en la que cada parte del sistema ha de ser concebida, diseñada, fabricada, integrada y operada teniendo en cuenta su relación con las demás, pues en un sistema es normal que cualquier modificación que se introduzca en una parte del mismo termine afectando a las demás.

Por supuesto esta compleja interrelación entre las diversas partes no es exclusiva de los desarrollos espaciales, y en cualquier actividad humana de producción de bienes aparece el concepto de ingeniería de sistemas, más o menos acentuado, más o menos extenso, más o menos intrincado, dependiendo del número de tecnologías y disciplinas que sea preciso entremezclar para lograr el producto propuesto. Dentro de la división clásica de las ingenierías, cada una de ellas trata de centrar la atención sobre los diversos sistemas que son el objeto de sus respectivas especializaciones, y da lo mismo cual sea tal objeto, ya que los procedimientos de la ingeniería de sistemas son básicamente los mismos en unos campos y otros.

En un determinado proceso de desarrollo, en los que el sistema está dividido en subsistemas, y los procesos en subprocesos, cobran una importancia primordial los procedimientos, pues la única forma de trabajar con fiabilidad es asegurando que todos los agentes implicados en la o las cadenas de desarrollo del producto han respondido de forma igual ante retos iguales, de modo que el resultado final sea lo más independiente del agente que lo ejecutó.

La teorización sobre la ingeniería de sistemas es un cuerpo de conocimiento troncal que merece un tratamiento específico en sí mismo, aunque no es este el propósito de estas páginas, donde la exposición se ha pretendido que esté más centrada en el producto que en el procedimiento para obtenerlo, aunque esto no pueda evitar, naturalmente, que deba haber cierta dispersión en las explicaciones, sobre todo si se pretende entender el porqué de algunos de los usos que se emplean en la ingeniería de sistemas.

En un esquema de producción distribuido surge inmediatamente la necesidad de establecer un sistema de control que asegure la confianza entre los diferentes agentes, lo que suele llevar al establecimiento de una normativa de obligado cumplimiento, supervisada por una cierta autoridad reconocida por todos los actores del proceso. El hecho de que en el pasado algunas actividades tecnológicas comenzaran prácticamente de forma simultánea en diferentes partes del planeta, ha hecho que ante la necesidad de acordar bases tecnológicas comunes, no siempre se haya llegado a consensos de escala planetaria. Piénsese en algo tan simple como la conexión de un equipo a la red eléctrica local de corriente alterna, dejando de lado el hecho de que existan dos tipos principales frecuencias de la corriente (50 Hz y 60 Hz), la multiplicidad de enchufes es tal que ha sido preciso introducir cierta normalización (para un europeo relativamente joven es fácil pensar que los enchufes que usa son universales, hasta que viaja fuera de Europa).

A.2.   Normas ECSS

En el caso de la ingeniería aeroespacial, la industria aeronáutica fue desarrollando en los diversos países normativas propias tendentes a asegurar la aeronavegabilidad de sus productos, o bien a adoptar la normativa de los lugares donde pretendían colocar sus productos. En el mundo occidental, durante décadas las industrias estadounidenses han ocupado un lugar preeminente, de modo que la normativa interna de EE.UU. servía de referente tanto dentro como fuera de este país. Con el desarrollo de Europa en la segunda mitad del siglo XX, impulsado sin duda por el establecimiento de un mercado global en el continente europeo, pronto surgió la necesidad de establecer una normativa global de alcance europeo que sustituyera las regulaciones nacionales. Así surgieron, en el caso de la aviación, las Normas de Aeronavegabilidad Conjuntas (*Joint Airworthiness Regulation*, JAR), y en el de los vehículos espaciales el conjunto de normas conocidas bajo las siglas ECSS (*European Cooperation for Space Standardization*, Cooperación Europea para la Estandarización del Espacio) donde se concentra la base de la información necesaria para llevar a cabo la gestión, ingeniería y garantía de producto en proyectos y aplicaciones espaciales (Jones y otros, 2002). Las normas ECSS son el resultado de un notable esfuerzo de cooperación llevado a cabo desde hace años entre la Agencia Espacial Europea, los organismos espaciales europeos y las asociaciones europeas de las industrias nacionales con el propósito de desarrollar y mantener normas comunes de aplicación al campo espacial.

Las normas ECSS, accesibles de forma gratuita en el portal https://ecss.nl/, abarcan múltiples aspectos relativos al desarrollo de un vehículo espacial (la lista de normas no es definitiva ni cerrada, pues las normas ECSS están constantemente sometidas a procesos de revisión y mejora, y su número aumenta con el tiempo conforme se van incluyendo regulaciones que atañen a otros subsistemas).

En la sección A.3 se muestra el estado de la normativa ECSS a finales de 2022, y en la lista siguiente se presenta información adicional sobre algunas de las normas más relevantes y significativas desde la óptica del entorno espacial:

- ECSS-E-ST-10-04C Rev.1; Entorno espacial (*Space environment*). Esta norma es de aplicación a todos los tipos de productos que existen o funcionan en el espacio, y en ella se define el entorno natural para todos los regímenes espaciales. En esta norma se definen también los modelos generales y las reglas necesarias para determinar el entorno local inducido, aunque quedan fuera de su alcance los métodos de análisis y procedimientos, y los criterios de aceptación de proyectos específicos.

El medio ambiente del espacio natural de un elemento dado es el conjunto de condiciones ambientales definidas por el mundo físico externo asociado a la misión en consideración (por ejemplo, la atmósfera, los meteoritos y la radiación de partículas energéticas). El medio ambiente inducido es el conjunto de condiciones ambientales creados o modificados por la presencia o la operación de la nave espacial y su misión (por ejemplo, la contaminación, las radiaciones secundarias y la carga eléctrica de la nave espacial). El medio ambiente del espacio también contiene elementos que son inducidos por la ejecución de otras actividades en el espacio (como pueden ser, por ejemplo, los residuos y la contaminación).

- ECSS-E-ST-10-12C; Método para el cálculo de la radiación recibida y sus efectos, así como una política de márgenes de diseño (*Method for the calculation of radiation received and its effects, and a policy for design margins*). Esta norma cubre los métodos para el cálculo de la radiación recibida y sus efectos, y define una política de márgenes de diseño. En la norma se consideran fuentes naturales y fuentes artificiales de radiación; un ejemplo de estas últimas, son los generadores termoeléctricos de radioisótopos o RTG (*radioisotope thermoelectric generators*). La norma se aplica para la evaluación de los efectos de la radiación en todos los sistemas espaciales, desde todos los tipos de productos que existen o funcionan en el espacio, hasta las tripulaciones de las misiones espaciales tripuladas. La norma tiene como objetivo implementar un proceso de ingeniería de sistemas espaciales que asegure el entendimiento entre los participantes en el proceso de desarrollo y operación (incluyendo agencias, clientes, proveedores y desarrolladores) y permita el uso de métodos comunes para la evaluación de los efectos de la radiación.

- ECSS-E-ST-20-06C Rev.1; Carga electrostática del vehículo espacial (*Spacecraft charging*). Este estándar proporciona disposiciones claras y coherentes para la aplicación de medidas para evaluar el comportamiento eléctrico de una nave espacial, con el fin de evitar y minimizar los efectos nocivos derivados de la carga electrostática de las naves espaciales y otros efectos semejantes.

Esta norma es aplicable a cualquier tipo de nave espacial, incluyendo lanzadores, cuando están fuera de la atmósfera.

Aunque los sistemas de las naves espaciales, cuando éstas están todavía en tierra, están claramente sometidas a interacciones eléctricas (por ejemplo, rayos y electricidad estática durante la manipulación), estos aspectos no están cubiertos en la norma, ya que son comunes a los sistemas terrestres y son tratados en otros documentos. Esta norma se centra en los efectos eléctricos que ocurren en el espacio, es decir, por encima de la ionosfera.

- ECSS-E-ST-20-07C Rev.2; Compatibilidad electromagnética (*Electromagnetic compatibility, EMC*). Este documento está orientado a detallar los requisitos del sistema, las condiciones generales de ensayos, los requisitos de verificación del sistema en su conjunto y los métodos de ensayo para subsistemas y equipos, así como los límites aplicables a los diferentes subsistemas y equipos. Esta norma está relacionada con la ECSS-E-ST-20-06, relacionada con la carga electrostática, mientras que el tema aquí está orientado a los efectos electromagnéticos de las descargas electrostáticas.

  En particular se define el plan de control de compatibilidad electromagnética, donde se define el enfoque, los métodos, los procedimientos, los recursos y la organización, también el plan de verificación de efectos electromagnéticos, donde se detallan y especifican los procesos de verificación, ensayos y análisis, y finalmente el informe de verificación de los efectos electromagnéticos que constituye el documento de resultados de la verificación.

- ECSS-E-ST-32-02C Rev.1; Diseño estructural y verificación del equipamiento presurizado (*Structural design and verification of pressurized hardware*). En esta norma se define la verificación del diseño estructural de equipamiento metálico y no metálico sometido a presión, donde se incluyen recipientes presurizados, estructuras presurizadas, componentes presurizados (tales como válvulas, bombas, líneas, conexiones y mangueras), y equipos presurizados especiales (por ejemplo, baterías, caloductos, criostatos, recipientes sellados, contenedores de fluidos peligrosos). Quedan fuera de esta norma los apoyos externos y las interfaces estructurales del equipamiento presurizado. Tampoco se consideran en la norma las carcasas de motores propulsores sólidos. Los objetivos del proceso de verificación asociado están orientados principalmente a la demostración de la cualificación del diseño y sus características para el cumplimiento de todos los requisitos especificados, y para asegurar que el equipamiento de vuelo está libre de defectos de fabricación y resulta ser, en consecuencia, aceptable para el vuelo. Esta norma se aplica a todos los productos espaciales y, en particular, a los vehículos lanzadores, vehículos de transferencia, vehículos de reentrada, naves espaciales, estaciones espaciales, sondas de aterrizaje y vehículos que han de desplazarse sobre superficies planetarias (*rovers*), cohetes de sondeo, cargas útiles e instrumentos.

- ECSS-E-ST-32-08C Rev.1; Materiales (*Materials*). Aquí se definen los requisitos de los materiales desde el punto de vista de la ingeniería mecánica. En esta norma se consideran también los efectos mecánicos de los entornos naturales e inducidos a los que pueden ser sometidos los materiales utilizados en las aplicaciones espaciales.

En esta norma se definen pues los requisitos para el establecimiento de las propiedades mecánicas y físicas de los materiales que se utilizarán para las aplicaciones espaciales, así como la verificación de estos requisitos mediante métodos de ensayo destructivos y no destructivos. Los requisitos de garantía de calidad de los materiales (suministro y control, por ejemplo) no están considerados en esta norma (véanse las ECSS-Q-ST-70).

- ECSS-E-ST-34C; Control ambiental y soporte de vida (*Environmental control and life support, ECLS*). Esta norma está dedicada a la disciplina de control ambiental y soporte de vida (ECLS) y sus relaciones con otras disciplinas de ingeniería, gestión y garantía de producto. El control del medio ambiente y los sistemas de soporte vital (*Environmental Control and Life Support Systems, ECLSS*) considerados en esta norma incluye los aspectos relacionados con el establecimiento de un ambiente seguro y cómodo para los seres humanos que llevan a cabo una misión espacial. Obviamente, cuando hay otras formas de vida alojadas a bordo, el sistema ECLSS ha de garantizar también las condiciones ambientales adecuadas para esos otros organismos vivos.

- ECSS-Q-ST-70-71C Rev.1; Materiales, procesos y su selección de datos (*Materials, processes and their data selection*). Esta norma especifica los requisitos aplicables a los materiales, procesos y su selección de datos para satisfacer los requisitos de desempeño de la misión. La norma incluye criterios y reglas de selección y de utilización.

  Las disposiciones de esta norma se aplican a todos los actores involucrados en todos los niveles en la producción de sistemas espaciales. Estos pueden incluir naves espaciales tripuladas y no tripuladas, lanzadores, satélites, cargas útiles, experimentos, equipos eléctricos de apoyo en tierra, equipos mecánicos de apoyo en tierra y sus organizaciones correspondientes.

- ECSS-Q-ST-70-01C; Control de limpieza y contaminación (*Cleanliness and contamination control*). El propósito de esta norma es definir, por una parte, la selección de elementos críticos, la definición de los requisitos de limpieza para satisfacer los requisitos de la misión y el control de los niveles que debe cumplir el personal, objetos, instalaciones y operaciones de proyectos espaciales. Por otra parte, en la norma se definen también los requisitos relativos a la gestión, incluida la organización, revisiones y auditorías, estado de aceptación y control de la documentación.

  En la norma se consideran el diseño, desarrollo, producción, ensayos, operación de productos espaciales, lanzamiento y misión. En esta norma se incluyen también directrices para la identificación de posibles fallos y averías a causa de la contaminación, y directrices para alcanzar y mantener los niveles de limpieza requeridos durante las actividades en tierra, en el lanzamiento y en la misión.

  Esta norma se aplica a todos los tipos y combinaciones de proyectos, organizaciones y productos, y durante todas las fases del proyecto, salvo las misiones tripuladas. Se aplica también a los sistemas de tierra que tienen un interfaz con los sistemas espaciales, como son los soportes de integración.

  En esta norma no se consideran aspectos relativos a la limpieza magnética, eléctrica o electrostática, ni tampoco se ocupa de aspectos de contaminación biológica.

- ECSS-Q-ST-70-02C; Ensayos de desgasificación en vacío térmico para la selección de materiales espaciales (*Thermal vacuum outgassing test for the screening of space materials*). Un ensayo de vacío térmico sirve para determinar las propiedades de desgasificación de los materiales susceptibles de ser usados en la fabricación de naves espaciales y equipos asociados, así como para instalaciones de vacío utilizadas para ensayos de equipamiento de vuelo, y para cierto equipamiento de vehículos lanzadores. En esta norma se consideran los parámetros críticos de diseño del sistema de ensayos; los parámetros de ensayo críticos, tales como temperatura, tiempo, presión; la preparación de muestras de material; los parámetros de acondicionamiento de las muestras y placas colectoras; la presentación de los datos de los ensayos; los criterios de aceptación; y la certificación de los sistemas de ensayo y sus operadores mediante auditorías y pruebas de intercomparación.

  La metodología de ensayo que se describe en esta norma es aplicable a las naves espaciales no tripuladas, lanzadores, cargas útiles, experimentos. La metodología también es válida para equipamiento exterior de sistemas espaciales tripulados y para el equipamiento de uso en las instalaciones de ensayos de vacío terrestres.

  Conviene señalar que los criterios de aceptación de desgasificación y de condensación para un material depende de la aplicación y la ubicación de dicho material, y pueden ser más severos que los requisitos de la norma.

- ECSS-Q-ST-70-05C Rev.1; Detección de contaminación orgánica en superficies mediante espectroscopia de infrarrojos (*Detection of organic contamination surfaces by infrared spectroscopy*). En esta norma se definen los requisitos de ensayo para la detección de contaminación orgánica en las superficies utilizando métodos directos e indirectos con la ayuda de la espectroscopia infrarroja.

  El fin de la norma es controlar y detectar la contaminación orgánica en las naves espaciales tripuladas y no tripuladas, lanzadores, cargas útiles, experimentos, instalaciones de ensayo en vacío terrestres y salas limpias. Los métodos de ensayo incluyen procedimientos de muestreo directo e indirecto de contaminantes, proporcionando directrices para diferentes temas como interpretación cualitativa y cuantitativa de los datos espectrales, calibración de equipos de infrarrojos, capacitación de los operadores, uso de placas testigo moleculares, recolección de la contaminación molecular, ensayos de contacto para medir la transferencia de contaminación de los materiales, ensayo de inmersión para medir el potencial de contaminación de los materiales, criterios de selección de los equipos de ensayo, etc.

- ECSS-Q-ST-70-06C; Ensayos con partículas y radiación ultravioleta para materiales espaciales (*Particle and UV radiation testing for space materials*). Los materiales utilizados en las aplicaciones espaciales han de ser evaluados por su comportamiento ante partículas cargadas y radiación ultravioleta. Como parte de esta evaluación a menudo se realiza una exposición del material a un ambiente espacial simulado, lo que puede plantear ciertas preguntas acerca de su exactitud y representatividad. El papel de esta norma es establecer una base para la especificación del ensayo, definiendo los procedimientos para los ensayos de radiación electromagnética y de partículas cargadas para los materiales de uso en naves espaciales, donde se incluyen, por ejemplo, materiales para control térmico, ventanas, revestimientos y materiales estructurales. En esta norma no se consideran los componentes electrónicos.

Los procedimientos incluyen la simulación del medio ambiente y las propiedades que deben verificarse.

- ECSS-Q-ST-70-31C Rev.1; Aplicación de pinturas y recubrimientos sobre equipamiento espacial (*Application of paints and coatings on space hardware*). En este estándar se define la aproximación a seguir para producir un cierto acabado de las superficies finales de naves espaciales, o equipos asociados, por medio de la aplicación controlada de pinturas. Est procedimiento también incluye las mediciones y comprobaciones a realizar.

- ECSS-Q-ST-70-50C; Seguimiento de partículas contaminantes para los sistemas de las naves espaciales y las salas limpias (*Particles contamination monitoring for spacecraft systems and cleanrooms*). Esta norma define los requisitos y directrices para la medición de la contaminación por partículas en las superficies de los sistemas de las naves espaciales, y los de las salas limpias u otras áreas de limpieza controlada donde se encuentren tales vehículos.

La norma incluye la medición de la contaminación de partículas mediante el uso de muestras testigo colocadas cerca del equipamiento a controlar, la medida directa de los niveles de contaminación de partículas sobre las superficies del vehículo mediante la transferencia superficial de la contaminación a cintas adhesivas, y la medida de los niveles de contaminación de partículas en los fluidos empleados para el lavado y enjuague de los componentes de los sistemas espaciales y de las superficies de las salas limpias. En la norma se definen también los métodos a usar para la inspección visual del equipamiento de la nave espacial en relación con la contaminación de partículas.

En la norma no se considera la medida de la contaminación de partículas del aire, ni tampoco la contaminación de partículas del equipamiento del subsistema de propulsión de la nave.

- ECSS-Q-ST-70-55C; Examen microbiano del equipamiento de vuelo y salas limpias (*Microbial examination of flight hardware and cleanrooms*). Esta norma define los procedimientos de ensayo para el examen microbiológico, cuantitativa y cualitativamente, de las superficies de los equipos de vuelo, y de los entornos, que han de estar microbiológicamente controlados (por ejemplo, superficies de salas limpias, aire de salas limpias, sistemas de aislantes). Los métodos de ensayo que se describen para detección y captura de contaminantes biológicos en superficies y en el aire incluyen el uso de dispositivos de captura (toallas, placas de contacto y recolectores de muestras de aire), y posterior cultivo para la determinación de la carga biológica.

También se usa la detección de contaminantes biológicos mediante el análisis de ADN del material recogido en los dispositivos de captura.

Los métodos de ensayo descritos en esta norma se aplican al control de la contaminación microbiológica en todas las naves espaciales, tripuladas y no tripuladas, lanzadores, cargas útiles, experimentos, equipos de soporte en tierra, y salas limpias.

En esta norma no se aborda el control de la contaminación molecular, ni tampoco se ocupa de los principios y la metodología básica para salas limpias y ambientes controlados asociados con restricciones en la contaminación por partículas.

- ECSS-U-AS-10C Rev.1; Aviso de adopción de 24.113 ISO: Sistemas espaciales - Requisitos de reducción de desechos espaciales (*Adoption Notice of ISO 24113: Space systems - Space debris mitigation requirements*). La norma "ISO 24113, *Space systems -Space debris mitigation requirements*" desarrollada por ISO TC20/SC14, es el resultado de una amplia discusión internacional sobre los requisitos de mitigación de la basura espacial, en la idea de disponer de una norma mundial sobre desechos espaciales. En este proceso ha participado activamente ECSS, habiéndose decidido adoptar y aplicar dicha norma con las pequeñas modificaciones que se presentan en este documento.

A.3. Listado de normas ECSS

En la siguiente lista se detalla el número de serie de las normas ECSS activas a fecha de 2023, el nombre actual en inglés de cada una y su fecha de publicación. Como se ha especificado también en la sección A.2, estas normas son accesibles de forma gratuita desde el portal https://ecss.nl/ de la Agencia Europea del Espacio.

- ECSS-E-AS-11C – Adoption Notice of ISO 16290, Space systems – Definition of the Technology Readiness Levels, TRLs. and their criteria of assessment, 1 October 2014.

- ECSS-E-AS-50-21C Rev.1 – Adoption Notice of CCSDS 131.0-B-4, TM Synchronization and Channel Coding, 13 January 2023.

- ECSS-E-AS-50-22C Rev.1 – Adoption Notice of CCSDS 132.0-B-3, TM Space Data Link Protocol, 13 January 2023.

- ECSS-E-AS-50-23C Rev.1 – Adoption Notice of CCSDS 732.0-B-4, AOS Space Data Link Protocol, 13 January 2023.

- ECSS-E-AS-50-24C Rev.1 – Adoption Notice of CCSDS 231.0-B 4, TC Synchronization and Channel Coding, 13 January 2023.

- ECSS-E-AS-50-25C Rev.1 – Adoption Notice of CCSDS 232.0-B-4, TC Space Data Link Protocol, 13 January 2023.

- ECSS-E-AS-50-26C – Adoption Notice of CCSDS 232.1-B-2, Communications Operation Procedure-1, 1 March 2021.

- ECSS-E-ST-10-02C Rev.1 – Verification, 1 February 2018.

- ECSS-E-ST-10-03C Rev.1 – Testing, 31 May 2022.

- ECSS-E-ST-10-04C Rev.1 – Space environment, 15 June 2020.

- ECSS-E-ST-10-06C – Technical requirements specification, 6 March 2009.

- ECSS-E-ST-10-09C – Reference coordinate system, 31 July 2008.

- ECSS-E-ST-10-11C – Human factors engineering, 31 July 2008.

- ECSS-E-ST-10-12C – Methods for the calculation of radiation received and its effects, and a policy for design margins, 15 November 2008. + "Identified typographical error"

- ECSS-E-ST-10-24C – Interface management, 1 June 2015.

- ECSS-E-ST-10C Rev.1 – System engineering general requirements, 15 February 2017.

- ECSS-E-ST-20-01C – Multipactor design and test, 15 June 2020.

- ECSS-E-ST-20-06C Rev.1 – Spacecraft charging, 15 May 2019.

- ECSS-E-ST-20-07C Rev.2 – Electromagnetic compatibility, 3 January 2022.

- ECSS-E-ST-20-08C Rev.2 – Photovoltaic assemblies and components, 20 April 2023.

- ECSS-E-ST-20-20C – Electrical design and interface requirements for power supply, 15 April 2016.

- ECSS-E-ST-20-21C – Electrical design and interface requirements for actuators, 15 May 2019.

- ECSS-E-ST-20C Rev.2 – Electrical and electronic, 8 April 2022.

- ECSS-E-ST-31-02C Rev.1 – Two-phase heat transport equipment, 15 March 2017.

- ECSS-E-ST-31-04C – Exchange of thermal analysis data, 1 February 2018.

- ECSS-E-ST-31C – Thermal control, 15 November 2008.

- ECSS-E-ST-32-01C Rev.2 – Fracture control, 30 July 2021.

- ECSS-E-ST-32-02C Rev.1 – Structural design and verification of pressurized hardware, 15 November 2008.

- ECSS-E-ST-32-03C – Structural finite element models, 31 July 2008.

- ECSS-E-ST-32-08C Rev.1 – Space engineering – Materials, 15 October 2014.

- ECSS-E-ST-32-10C Rev.2 Corr.1 – Structural factors of safety for spaceflight hardware, 1 August 2019.

- ECSS-E-ST-32-11C – Modal survey assessment, 31 July 2008.

- ECSS-E-ST-32C Rev.1 – Structural general requirements, 15 November 2008.

- ECSS-E-ST-33-01C Rev.2 – Mechanisms, 1 March 2019.

- ECSS-E-ST-33-11C Rev.1 – Explosive subsystems and devices, 1 June 2017.

- ECSS-E-ST-34C – Environmantal control and life support, ECLS., 31 July 2008.

- ECSS-E-ST-35-01C – Liquid and electric propulsion for spacecraft, 15 November 2008.

- ECSS-E-ST-35-02C – Solid propulsion for spacecrafts and launchers, 8 October 2010.

- ECSS-E-ST-35-03C – Liquid propulsion for launchers, 13 May 2011.

- ECSS-E-ST-35-06C Rev.2 – Cleanliness requirements for spacecraft propulsion hardware, 7 April 2020.

- ECSS-E-ST-35-10C – Compatibility testing for liquid propulsion systems, 6 March 2009.

- ECSS-E-ST-35C Rev.1 – Propulsion general requirements, 6 March 2009.

- ECSS-E-ST-40-07C – Simulation modelling platform, 2 March 2020.

- ECSS-E-ST-40C – Software, 6 March 2009.

- ECSS-E-ST-50-02C – Ranging and Doppler tracking, 31 July 2008.

- ECSS-E-ST-50-05C Rev.2 – Radio frequency and modulation, 4 October 2011.

- ECSS-E-ST-50-11C – SpaceFibre – Very high-speed serial link, 15 May 2019.

- ECSS-E-ST-50-12C Rev.1 – SpaceWire – Links, nodes, routers and networks, 15 May 2019.

- ECSS-E-ST-50-13C – Interface and communication protocol for MIL-STD-1553B data bus onboard spacecraft, 15 November 2008.

- ECSS-E-ST-50-14C – Spacecraft discrete interfaces, 31 July 2008.

- ECSS-E-ST-50-15C – CANbus extension protocol, 1 May 2015.

- ECSS-E-ST-50-16C – Space engineering – Time-Triggered Ethernet, 30 September 2021.

- ECSS-E-ST-50-51C – SpaceWire protocol identification, 5 February 2010.

- ECSS-E-ST-50-52C – SpaceWire – Remote memory access protocol, 5 February 2010.

- ECSS-E-ST-50-53C – SpaceWire – CCSDS packet transfer protocol, 5 February 2010.

- ECSS-E-ST-50C Rev.1 – Communications, 1 March 2021.

- ECSS-E-ST-60-10C – Control performance, 15 November 2008.

- ECSS-E-ST-60-20C Rev.2 – Star sensor terminology and performance specification, 15 May 2019.

- ECSS-E-ST-60-21C – Gyro terminology and performance specification, 15 February 2017.

- ECSS-E-ST-60-30C – Satellite attitude and orbit control system, AOCS. requirements, 30 August 2013.

- ECSS-E-ST-70-01C – Spacecraft on-board control procedures, 16 April 2010.

- ECSS-E-ST-70-11C – Space segment operability, 31 July 2008.

- ECSS-E-ST-70-31C – Ground systems and operations – Monitoring and control data definition, 31 July 2008.

- ECSS-E-ST-70-32C – Test and operations procedure language, 31 July 2008.

- ECSS-E-ST-70-41C – Telemetry and telecommand packet utilization, 15 April 2016.

- ECSS-E-ST-70C – Ground systems and operations, 31 July 2008.

- ECSS-M-70A – Integrated logistic support, 19 April 1996.

- ECSS-M-ST-10-01C – Organization and conduct of reviews, 15 November 2008.

- ECSS-M-ST-10C Rev.1 – Project planning and implementation, 6 March 2009.

- ECSS-M-ST-40C Rev.1 – Configuration and information management, 6 March 2009.

- ECSS-M-ST-60C – Cost and schedule management, 31 July 2008.

- ECSS-M-ST-80C – Risk management, 31 July 2008.

- ECSS-P-00C – Standardization objectives, policies and organization, 22 March 2013.

- ECSS-Q-ST-10-04C – Critical-item control, 31 July 2008.

- ECSS-Q-ST-10-09C Rev.1 – Nonconformance control system, 1 March 2018.

- ECSS-Q-ST-10C Rev.1 – Product assurance management, 15 March 2016.

- ECSS-Q-ST-20-07C – Quality and safety assurance for space test centres, 1 October 2014.

- ECSS-Q-ST-20-08C – Storage, handling and transportation of space-craft hardware, 1 October 2014.

- ECSS-Q-ST-20-10C – Off-the-shelf items utilization in space systems, 8 October 2010.

- ECSS-Q-ST-20C Rev.2 – Quality assurance, 1 February 2018.

- ECSS-Q-ST-30-02C – Failure modes, effects, and criticality. analysis, FMEA/FMECA. –, 6 March 2009.

- ECSS-Q-ST-30-09C – Availability analysis, 31 July 2008.

- ECSS-Q-ST-30-11C Rev.2: Derating – EEE components, 23 June 2021.

- ECSS-Q-ST-30C Rev.1 – Dependability, 15 February 2017.

- ECSS-Q-ST-40-02C – Hazard analysis, 15 November 2008.

- ECSS-Q-ST-40-12C – Fault tree analysis – Adoption notice ECSS/IEC 61025, 31 July 2008.

- ECSS-Q-ST-40C Rev.1 – Safety, 15 February 2017.

- ECSS-Q-ST-60-02C – ASIC and FPGA development, 31 July 2008.

- ECSS-Q-ST-60-05C Rev.1 – Generic procurement requirements for hybrids, 6 March 2009.

- ECSS-Q-ST-60-12C – Design, selection, procurement and use of die form monolithic microwave integrated circuits, MMICs. –, 31 July 2008.

- ECSS-Q-ST-60-13C Rev.1 – Commercial electrical, electronic and electromechanical, EEE. components, 12 May 2022.

- ECSS-Q-ST-60-14C Rev.1 Corrigendum 1 – Relifing procedure – EEE components, 2 March 2020.

- ECSS-Q-ST-60-15C – Radiation hardness assurance – EEE components, 1 October 2012.

- ECSS-Q-ST-60C Rev.3 – Electrical, electronic and electromechanical, EEE. components, 12 May 2022.

- ECSS-Q-ST-70-01C – Cleanliness and contamination control, 15 November 2008.

- ECSS-Q-ST-70-02C – Thermal vacuum outgassing test for the screening of space materials, 15 November 2008.

- ECSS-Q-ST-70-03C – Black-anodizing of metals with inorganic dyes, 31 July 2008.

- ECSS-Q-ST-70-04C – Thermal testing for the evaluation of space materials, processes, mechanical parts and assemblies, 15 November 2008.

- ECSS-Q-ST-70-05C Rev.1 – Detection of organic contamination surfaces by IR spectroscopy, 15 October 2019.

- ECSS-Q-ST-70-06C – Particle and UV radiation testing for space materials, 31 July 2008.

- ECSS-Q-ST-70-09C – Measurements of thermo-optical properties of thermal control materials, 31 July 2008.

- ECSS-Q-ST-70-12C – Design rules for printed circuit boards, 14 July 2014.

- ECSS-Q-ST-70-13C Rev.1 – Measurement of the peel and pull-off strength of coatings and finishes using pressure-sensitive tapes, 5 Oct 2011.

- ECSS-Q-ST-70-14C – Corrosion, 1 November 2016.

- ECSS-Q-ST-70-15C – Non-destructive testing, 1 May 2021.

- ECSS-Q-ST-70-16C – Adhesive bonding for spacecraft and launcher applications, 1 December 2020.

- ECSS-Q-ST-70-17C – Durability testing of coatings, 1 February 2018.

- ECSS-Q-ST-70-18C – Preparation, assembly and mounting of RF coaxial cables, 15 November 2008.

- ECSS-Q-ST-70-20C – Determination of the susceptibility of silver-plated copper wire and cable to "red-plague" corrosion, 31 July 2008.

- ECSS-Q-ST-70-21C – Flammability testing for the screening of space materials, 5 February 2010.

- ECSS-Q-ST-70-22C – Control of limited shelf-life materials, 31 July 2008.

- ECSS-Q-ST-70-26C Rev.1 – Crimping of high-reliability electrical connections, 15 March 2017. + Corr.1, 1 June 2017.

- ECSS-Q-ST-70-28C – Repair and modification of printed circuit board assemblies for space use, 31 July 2008.

- ECSS-Q-ST-70-29C – Determination of offgassing products from materials and assembled articles to be used in a manned space vehicle crew compartment, 15 November 2008.

- ECSS-Q-ST-70-30C – Wire wrapping of high-reliability electrical connections, 31 July 2008.

- ECSS-Q-ST-70-31C Rev.1 – Application of paints on space hardware, 15 October 2019.

- ECSS-Q-ST-70-36C – Material selection for controlling stress-corrosion cracking, 6 March 2009.

- ECSS-Q-ST-70-37C – Determination of the susceptibility of metals to stress-corrosion cracking, 15 November 2008.

- ECSS-Q-ST-70-39C – Welding of metallic materials for flight hardware, 1 May 2015.

- ECSS-Q-ST-70-40C – Processing and quality assurance requirements for brazing of flight hardware, 8 April 2022.

- ECSS-Q-ST-70-45C – Mechanical testing of metallic materials, 31 July 2008.

- ECSS-Q-ST-70-46C Rev.1 – Requirements for manufacturing and procurement of threaded fasteners, 6 March 2009.

- ECSS-Q-ST-70-50C – Particles contamination monitoring for spacecraft systems and cleanrooms, 4 October 2011.

- ECSS-Q-ST-70-53C – Materials and hardware compatibility tests for sterilization processes, 15 November 2008.

- ECSS-Q-ST-70-54C – Ultracleaning of flight hardware, 15 February 2017.

- ECSS-Q-ST-70-55C – Microbial examination of flight hardware and cleanrooms, 15 November 2008.

- ECSS-Q-ST-70-56C – Vapour phase bioburden reduction for flight hardware, 30 August 2013.

- ECSS-Q-ST-70-57C – Dry heat bioburden reduction for flight hardware, 30 August 2013.

- ECSS-Q-ST-70-58C – Bioburden control of cleanrooms, 15 November 2008.

- ECSS-Q-ST-70-60C Corrigendum 1 – Qualification and procurement of printed circuit boards, 1 March 2019.

- ECSS-Q-ST-70-61C – High reliability assembly for surface mount and through hole connections, 8 April 2022.

- ECSS-Q-ST-70-71C Rev.1 – Materials, processes and their data selection, 15 October 2019.

- ECSS-Q-ST-70-80C – Processing and quality assurance requirements for metallic powder bed fusion technologies for space applications, 30 July 2021.

- ECSS-Q-ST-70C Rev.2 – Materials, mechanical parts and processes, 15 October 2019.

- ECSS-Q-ST-80C Rev.1 – Software product assurance, 15 February 2017.

- ECSS-S-ST-00-01C – Glossary of terms, 1 October 2012.

- ECSS-S-ST-00-02C – Draft 1 "Tailoring", 15 June 2020.

- ECSS-S-ST-00C Rev.1 – "Description, implementation and general requirement", 15 June 2020.

- ECSS-U-AS-10C Rev.1 – Adoption Notice of ISO 24113: Space systems – Space debris mitigation requirements, 3 December 2019.

- ECSS-U-ST-20C – Space sustainability – Planetary protection, 1 August 2019.

Bibliografía

Africano, J.L., Stansbery, E.G. & Kervin, P.W., The optical orbital debris measurement program at NASA and AMOS, Advances in Space Research 34 (2004) 892-900.

Agarwal, J., Müller, M., Reach, W.T., Sykes, M.V., Boehnhardt, H. & Grün, E., The dust trail of Comet 67P/Churyumov-Gerasimenko between 2004 and 2006, Icarus 207 (2010) 992-1012.

Anderson, H., Terrestrial Space (the Earth), en Space and Planetary Environment Criteria Guidelines for Use in Space Vehicle Development, 1982 Revision, Volume 1, R.E. Smith & G.S. West, Compilers, NASA Technical Memorandum 82478, National Aeronautics and Space Administration, Scientific and Technical Information Branch, 1983.

Baker, R.M.L. Jr., Astrodynamics. Applications and Advanced Topics, Academic Press Inc., New York, U.S.A., 1967.

Baur, C. y otros, NIEL dose dependence for solar cells irradiated with electrons and protons, 13th ICATPP Conference on Astroparticle, Particle,

Space Physics and Detectors for Physics Applications, World Scientific (Singapore 2013).

Baumann, R.C., Radiation-Induced Soft Errors in Advanced Semiconductor Technologies, IEEE Transactions on Device and Materials Reliability, Volume 5, Number 3, (2005) 305–316.

Bérend, N., Estimation of the probability of collision between two catalogued orbiting objects, Advances in Space Research 23 (1999) 243-247.

Berger, M.J., & Seltzer, S.M., "Tables of Energy Losses and Ranges of Electrons and Positrons," National Aeronautics and Space Administration Report NASA-SP-3012 (Washington DC 1964).

Bobrinsky, N. & Del Monte, L., ESA's Space Situational Awareness Programme, 2009 CEAS European Air and Space Conference, Manchester, 26-29 October 2009.

Bonnal, Ch. & Alby, F., Measures to reduce the growth or decrease the space debris population, Acta Astronautrica 47(2000) 699-706.

Bradley, A.M. & Wein, L.M., Space debris: Assessing risk and responsibility, Advances in Space Research 43 (2009) 1372–1390.

Braun, V., Lüpken, S., Flegel, S., Gelhaus, J., Möckel, M., Kebschull, C., Wiedemann, C. & Vörsmann, P., Active debris removal of multiple priority targets, Advances in Space Research 51 (2013) 1638-1648.

Casadei, D., Neutron astronomy, 2017, arXiv:1701.02788.

Christiansen, E.L., Meteoroid/Debris shielding, NASA TP 2003-210788, Johnson Space Center, Houston, Texas, 2003.

Clowdsley, M. S., y otros, Radiation Protection Quantities for Near Earth Environments, AIAA-2004- 6027 Space 2004 Conference and Exhibit, 2004.

Cowardin, H. Orbital Debris: Quarterly News. Orbital Debris Quarterly News, 26(1) NASA 2022.

Donald, R., Radiation Effects and Shielding Requirements in Human Missions to the Moon and Mars, Mars 2 (2006) 46-71.

ECSS Secretariat, ESA-ESTEC, Requirements & Standards Division, ECSS CD-ROM Release Note Issue 1.8, 26 March 2013.

ECSS-E-ST-10-04C, Space engineering, Space environment, ECSS Secretariat, ESA-ESTEC, Requirements & Standards Division, Noordwijk, The Netherlands, 2008.

ECSS-E-ST-10-12C, Space engineering, Methods for the calculation of radiation received and its effects, and a policy for design margins, ECSS Secretariat, ESA-ESTEC, Requirements & Standards Division, Noordwijk, The Netherlands, 2008.

Elices, T., 1991, Introducción a la dinámica espacial, INTA, Madrid, España, 1991.

ESA SPENVIS (Space Environment Information System) http://www.spenvis.oma.be/help/background/background.html, 2014.

Feynman R, Leighton R, and Sands M. "The Feynman Lectures on Physics, Volume I" (online edition), The Feynman Lectures Website, 2013.

Flury, W., Massart, A., Schildknecht, T., Hugentobler, U., Kuusela, J. & Sodnik, Z., Searching for Small Debris in the Geostationary Ring – Discoveries with the Zeiss 1-metre Telescope, ESA bulletin 104 (2000) 92-100.

Fröhlich, C., Observations of irradiance variations, Space Science Reviews 94 (2000) 15-24.

García Pérez, A. Dynamic phenomena in the design of new concepts of space systems (Doctoral dissertation, Espacio), 2019.

Griffin, M.D., & French, J.R., Space Vehicle Design, AIAA Education Series, American Institute of Aeronautics and Astronautics. Washington, U.S.A., 2004.

Griffiths, D. , Introduction to Elementary Particles, Wiley, 1987.

Grupen, C., Astroparticle Physics, Springer, Berlin, Germany, 2005.

Heynderickx, D., Quaghebeur, B., Wera, J., Daly, E. J., & Evans, H. D. R., New radiation environment and effects models in the European Space Agency's Space Environment Information System (SPENVIS), Space Weather, 2 (2004) 2-5. Página web de SPENVIS: http://www.spenvis.oma.be/.

Hobbs, S., Disposal orbits for GEO spacecraft: A method for evaluating the orbit height distributions resulting from implementing IADC guidelines, Advances in Space Research 45 (2010) 1042–1049.

Holbert, K., Space Radiation Environmental Effects, Courses in Electrical Engineering, Arizona State University, 2007. Página web: http://holbert.faculty.asu.edu/eee560/spacerad.html.

Hoyt, R. & Forward, R., The Terminator Tether: Autonomous Deorbit of LEO Spacecraft for Space Debris Mitigation, paper AIAA 00-0329, 38th Aerospace Sciences Meeting & Exhibit, Reno, Nevada, 2000.

Huang, J., Hu, W., Ghogho, M., Xin, Q., Du, X. & Guo, W., A novel signal processing approach for LEO space debris based on a fence-type space surveillance radar system, Advances in Space Research 50 (2012) 1462-1472.

Hundhausen, A.J., The Solar Wind, en Introduction to Space Physics, M.G. Kivelson & C.T. Russell (eds.), Cambridge University Press, Cambridge, U.K., 1995.

ICRP, 1990 Recommendations of the International Commission on Radiological Protection, Annals of the ICRP 21 (1991) 1-3.

Jackson J.D., Classical Electrodynamics, 3rd edition, John Wiley & Sons, Ltd., New York, U.S.A., 1999.

Jibiri, N.N., Nwankwo, V.U.J., Kio, M, Determination of the stopping power and failure time of spacecraft components due to proton interaction using GOES 11 acquisition data, International Journal of Engineering, Science and Technology, 2011, 3:6532-6542.

Johnson, N.L., Environmentally-induced debris sources, Advances in Space Research 34 (2004) 993-999.

Jones, M., Gomez, E., Mantineo, A. & Mortensen, U.K., Introducing ECSS Software-Engineering Standards within ESA- Practical approaches for space - and ground- segment software, ESA Bulletin 111 (2002) 132-139.

Kaplan, M.H., 1976, Modern Spacecraft Dynamics & Control, Wiley, New York, U.S.A., 1976.

Kent, B. J. Implications of the space environment. In Observing Photons in Space: A Guide to Experimental Space Astronomy (pp. 677-696). New York, NY: Springer New York, 2013.

Kessler, D. & Zook, H., Meteoroids and Orbital Debris, en Natural Orbital Environment Guidelines for Use in Aerospace Vehicle Development, B.J. Anderson, Ed., and R.E. Smith, Compiler, NASA Technical Memorandum

4527, National Aeronautics and Space Administration, Marshall Space Flight Center, 1994.

Kessler, D.J., Anz-Meador, P.D. & Matney, M.J., Space Debris, en Physics, Chemistry, and Dynamics of Interplanetary Dust, B.A.S. Gustafson & M.S. Hanner, ASP Conference Series 104 (1996) 201-208.

Koch, H.W., & Motz, J.W., Bremsstrahlung Cross-Section Formulas and Related Data, Phys. Rev., 31, 920, 1959.

Kopp, G. & Lean, J. L., A new, lower value of total solar irradiance: Evidence and climate significance, Geophys. Res. Lett., 38, L01706, 2011.

Krag, H., Flohrer, T. & Lemmens, S., Consideration of space debris mitigation requirements in the operation of LEO missions, https://doi.org/10.2514/5.9781624102080.0413.0430.

Krag, H., The activities of ESA's Space Debris Office, 2009 CEAS European Air and Space Conference, Manchester, 26-29 October 2009.

Kreith, F., Radiation Heat Transfer for Spacecraft and Solar Power Plant Design, International Textbook Co., Scranton, Pennsylvania, U.S.A., 1962.

Lambour, R., Rajan, N.,. Morgan, T.,. Kupiec, I. & Stansbery, E., Assessment of orbital debris size estimation from radar cross-section measurements, Advances in Space Research 34 (2004) 1013-1020.

Landau, L.D. & Lifshitz, E.M., Mechanics, 3rd edition, Pergamon Press, Oxford, U.K., 1976.

Landau, L.D. & Lifshitz, E.M., Quantum Mechanics, 3rd edition, Pergamon Press, Oxford, U.K., 1977.

Landau, L.D. & Lifshitz, E.M., The Classical Theory of Fields, 4th edition, Pergamon Press, Oxford, U.K., 1994.

Landgraf, M., Jehn, R., Flury, W., Dikarev, V., Hazards by meteoroid impacts onto operational spacecraft, Advances in Space Research 33 (2004) 1507-1510.

Lazare, B., The French Space Operations Act: Technical Regulations, Acta Astronautica (2012) http://dx.doi.org/10.1016/j.actaastro.2012.07.031

Lechner, A., Particle interactions with matter, CERN Yellow Reports: School Proceedings 5.0, (2018) 47.

Lemmens, S., & Letizia, F. ESA's annual space environment report. Technical Report GEN-DB-LOG-00288-OPS-SD, ESA Space Debris Office, 2022.

Leroy, C., & Rancoita, P.G., Principles of Radiation Interaction in Matter and Detection, 2011, World Scientific, Singapore, ISBN-978- 981-4360-51-7.

Lewis, H.G., Swinerd, G.G. & Newland, R.J., The Space Debris Environment: Future Evolution, 2009 CEAS European Air and Space Conference, Manchester, 26-29 October 2009.

Lewis, H.G., White, A.E., Crowther, R. & Stokes, H., Synergy of debris mitigation and removal, Acta Astronautica 81 (2012) 62–68.

Liou, J.-C., Christiansen, E., Corsaro, R., Giovane, F., Tsou, P. & Stansbery, E., Modeling the meteoroid environment with existing in situ measurements and with potential future space experiments, Proceedings of the Fourth European Conference on Space Debris, Darmstadt, Germany, 18-20 April 2005, ESA SP-587, 2005.

Macdonald, M. & Badescu, V., The international handbook of space technology, Springer, 2014.

Mangano, S., Cherenkov Telescope Array Status Report, 2017, arXiv:1705.07805.

Markkanen, J., Lehtinen, M. & Landgraf, M., Real-time space debris monitoring with EISCAT, Advances in Space Research 35 (2005) 1197-1209.

Mehrholz, D., Leushacke, L., Flury, W., Jehn, R., Klinkrad, H. & Landgraf, M., Detecting, Tracking and Imaging Space Debris, ESA Bulletin 109 (2002) 128-134.

Meseguer, J., Pérez-Grande, I. & Sanz-Andrés, A., Spacecraft Thermal Control, Woodhead Publishing Ltd., Cambridge, U.K. 2012.

Meseguer, J. & Sanz-Andrés, A., El satélite UPM-Sat 1, Informes a la Academia de Ingeniería, Real Academia de Ingeniería, 1998.

NASA-STD-3001, Volume 1, Crew Health, 2015.

NIST, Berger, M.J., y otros, Stopping-power and range tables for electrons, protons, and helium ions, NIST standrad reference database 124, NISTIR 4999, 2017.

NISTICRU, "Stopping Powers and Ranges for Electrons, Protons and

Alpha Particles," ICRU Report No. 49 (1993); Tablas y gráficos están disponibles en http://physics.nist.gov/PhysRefData/Star/Text/PSTAR.html, http://physics.nist.gov/PhysRefData/Star/Text/ASTAR.html y http://physics.nist.gov/PhysRefData/Star/Text/ESTAR.html.

Pardini, C. & Anselmo, L., Physical properties and long-term evolution of the debris clouds produced by two catastrophic collisions in Earth orbit, Advances in Space Research 48 (2011) 557-569.

Pardini, C., Hanada, T., Krisko, P.H., Anselmo, L. & Hirayama, H., Are de-orbiting missions possible using electrodynamic tethers? Task review from the space debris perspective, Acta Astronautica 60 (2007) 916-929.

PDG, Particle Data Group, Zyla, P. A., y otros, The review of particle physics, Prog. Theor. Exp. Phys. 2020, 083C01 (2020).

Portelli, C., Alby, F., Crowther, R. & Uwe Wirt, W., Space Debris Mitigation in France, Germany, Italy and United Kingdom, Advances in Space Research 45 (2010) 1035–1041.

Roy, A.E., Orbital Motion, Adam Hilger, Bristol, U.K., 1988.

Sanz-Andres, A. "Spacecraft launch depressurization loads"Journal of Spacecraft and Rockets 34.6 (1997): 805-810.

Sato, T., Shape estimation of space debris using single-range Doppler interferometry, IEEE Transactions on Geoscience and Remote Sensing 37 (1999) 1000-1005.

Schildknecht, T., Optical surveys for space debris, Astronautics and Astrophysics Review 14 (2007) 41–111. DOI 10.1007/s00159-006-0003-9.

Schimmerling, W. & Curtis, S.B., Workshop on the radiation environment of the satellite power system, Department of Energy Lawrence Berkeley Laboratory, Berkeley, 1978.

Seltzer, S. M., SHIELDOSE: A Computer Code for Space-Shielding Radiation Dose Calculations, National Bureau of Standards, NBS Technical Note 1116, U.S. Government Printing Office, Washington, D.C., 1980.

Shephard, S.G. & Kress, B.T., Störmer Theory Applied to Magnetic Spacecraft Shielding, Space Weather 5, No. 4, S04001 (2007).

Sigmund, P., Particle Radiation and Radiation Effects, Springer Series in Solid State Sciences (2006) Berlin Heidelberg: Springer-Verlag, ISBN-10 3-

540-31713-9.

Space Radiation, Space Radiation Hazards and the Vision for Space Exploration: Report of a Workshop, 2006.

Stark, J.P.W. & Gabriel S.B., The Spacecraft Environment and its Effect on Design, en Spacecraft Systems Engineering, 2nd edition, P. Fortescue & J. Stark (eds.), Wiley, Chichester, U.K., 1995.

Stark, J.P.W. & Swinerd G.G., Mission Analysis, en Spacecraft Systems Engineering, 2nd edition, P. Fortescue & J. Stark (eds.), Wiley, Chichester, U.K., 1995.

Thomson, W.T., Introduction to Space Dynamics, Dover Publications, Inc., New York, U.S.A., 1961.

Tipler, P.A. & Llewellyn, R, Modern Physics, 6ed, 2012.

Tribble, A.C., The Space Environment, Implications for Spacecraft Design, Princeton University Press, Princeton, New Jersey, U.S.A., 2003.

Tsai, Y. S., Pair production and bremsstrahlung of charged leptons, Rev. Mod. Phys. 46, 815 (1974).

Walker, R.J. & Russell, C.T., Solar-Wind Interactions with Magnetized Planets, en Introduction to Space Physics, M.G. Kivelson & C.T. Russell (eds.), Cambridge University Press, Cambridge, U.K., 1995.

Washburn, S.A. y otros, Active magnetic radiation shielding system analysis and key technologies, Life Sciences in Space Research Volume 4 (2015) 22-34.

Wertz, J.R., Larson, W.J., 2007, Space Mission Analysis and Design, Springer, New York, U.S.A., 2007.

Wiesel, W.E., 1989, Spaceflight Dynamics, McGraw-Hill, New York, U.S.A., 1997.

Wolf, R.A., Magnetospheric Configuration, en Introduction to Space Physics, M.G. Kivelson & C.T. Russell (eds.), Cambridge University Press, Cambridge, U.K., 1995.

Wolverton, R.W., Flight Performance Handbook for Orbital Operations, Wiley, New York, U.S.A., 1961.

Zhang, X., Jia, G. & Huang, H., Finite element reconstruction approach for on-orbit spacecraft breakup dynamics simulation and fragment analysis, Advances in Space Research 51 (2013) 423-433.

Ziegler, J. F., SRIM-2013 software package, disponible en la web en http://www.srim.org.